DIANLI JIQIREN
CHUANGXIN SHEJI YU ZHIZUO

电力机器人
创新设计与制作

王秀梅　吴　鹏　赵路佳　房　静　编著

中国电力出版社
CHINA ELECTRIC POWER PRESS

内 容 简 介

本书是作者几年来在电力机器人应用技术和电力自动化装置方面创新实践所取得的初步成果，主要包括配电线路绝缘包裹机器人、基于旋翼机器人的电厂盘煤装置、风机塔筒清洁机器人、具有三维重建功能的电缆隧道机器人、输电铁塔自主攀爬机器人、隐蔽工程探测成像装置、电力施工作业现场全过程监控系统、基于 Lora 扩频的便携式继电保护校验仪、变电站二次多芯线缆智能对线器等项目的设计和研究。

本书可为高等院校机械、电子、自动化专业的学生创新实践提供借鉴，也可以为机器人爱好者制作机器人提供一些帮助，同时也可供从事机电一体化及相关专业的工程技术人员参考。

图书在版编目（CIP）数据

电力机器人创新设计与制作/王秀梅等编著 . —北京：中国电力出版社，2021.11
ISBN 978-7-5198-5922-0

Ⅰ.①电… Ⅱ.①王… Ⅲ.①电力工程—机器人技术 Ⅳ.①TM7②TP24

中国版本图书馆 CIP 数据核字（2021）第 168812 号

出版发行：中国电力出版社
地　　址：北京市东城区北京站西街 19 号（邮政编码 100005）
网　　址：http：//www.cepp.sgcc.com.cn
责任编辑：王杏芸（010-63412394）
责任校对：黄 蓓 马 宁
装帧设计：赵丽媛
责任印制：杨晓东

印　　刷：北京天宇星印刷厂
版　　次：2021 年 11 月第一版
印　　次：2021 年 11 月北京第一次印刷
开　　本：787 毫米×1092 毫米　16 开本
印　　张：11
字　　数：265 千字
定　　价：45.00 元

前　言

　　机器人技术是集材料、机械、电子、传感器、计算机、控制等多学科交叉融合的前沿高新技术，是 21 世纪高新技术制造业与现代服务业的重要组成部分之一，也是我国高科技产业发展的一次重大机遇。随着精益生产和大规模定制时代的到来，机器人将成为继个人电脑后的下一个热门的重要发展领域。今后，机器人技术不仅在提高规模化制造的质量和效率，保证生产安全，节约资源与绿色环保等方面发挥更大的作用，其应用范围也将变得更加广泛，必将在家庭服务、助老助残、康复治疗、公共安全、清洁环保、教育娱乐等许多领域发挥越来越重要的作用。

　　随着智能技术突飞猛进的发展和教育理念的不断更新，作为综合了信息技术、电子工程、机械工程、控制理论、传感技术以及人工智能等前沿科技的机器人应用技术也在大学生工程实践和创新实践教学中扮演了重要的角色。

　　为了培养学生的创新能力和进一步推动机器人应用技术的发展，近些年来华北电力大学工程训练中心在创新实践教学中结合学校的人才培养特色，组织学生相继完成配电线路绝缘包裹机器人、基于旋翼机器人的电厂盘煤装置、风机塔筒清洁机器人、具有三维重建功能的电缆隧道机器人、输电铁塔自主攀爬机器人、隐蔽工程探测成像装置、电力施工作业现场全过程监控系统、基于 Lora 扩频的便携式继电保护校验仪、变电站二次多芯线缆智能对线器等一大批电力机器人和电力自动化装置，在人才培养和技术应用方面都取得了很好的效果。其中的一些作品在参加一系列的大学生机器人竞赛中，获得了优异成绩。

　　本书把近几年我们在创新实践教学中组织学生亲手制作完成的部分机器人作品介绍给大家，并对每个作品从设计思想、设计方案、零部件选取、加工制作、主要创新点等方面做了详细阐述。

　　本书是作者近几年来在机器人应用技术方面指导学生创新实践所取得的初步成果，还需不断发展完善。书中也难免存在不足，我们殷切希望得到广大读者和同行们批评指正，以便于进一步改进和完善我们的工作。

编者

2021 年 11 月

目 录

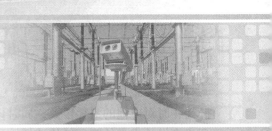

第1章

配电线路绝缘包裹机器人

1.1 项 目 目 标

在中低压（10kV）的农网架空配电线路中，自然灾害时常引发线路故障。随着城乡建设的不断发展，城乡绿化进入高速发展，在带来宜人绿色生态城乡环境同时，对配电线路带来的影响，不容忽视。在农村实施植树造林，退耕还林等惠农政策项目时，有的农户将树木和经济作物种植在 10kV 配电线路下面，对配电线路带来一定的影响。另外，配电线路设计不合理，或者为了方便施工而导致的走向不合理，使得线路穿插在树林或竹林之中，对线路安全性也有一定的影响。遇刮风下雨，极易造成导线对树木放电或树枝断落后搭在线上，风雨较大或下雪时，甚至会发生整棵树倒在线路上，引发线路故障。因此，对线路进行绝缘修补显得尤为重要。

当前的配电线路绝缘修复工作的过程是：先由电力升降车将工作人员送至施工点，再由工作人员对问题线路手动修复。但这种修复施工方法只适用于地势平坦开阔的地区，在很多工况较为复杂的环境下很难实施。在偏远地区和地势坎坷的地区，车辆难以到达施工位置，导致劳动强度大、作业效率低、作业质量不稳定，并且存在严重的人身安全隐患，因此这种传统的修补方式势必被发展迅速的现代化电网所淘汰，而绝缘包裹机器人凭借其性能效率与市场前景，将会成为智能电网的重要组成部分。

1.2 国内外研究概况

1.2.1 技术发展历史及国内外研究现状和发展趋势

从 1980 年开始，有些国家已经开始对架空线路装置进行研究，并取得了良好的效果。分析国外研究成果主要包括两类装置，一类主要从事配电线路巡检工作的装置；另一类则主要集中于清除线路异物的装置。第一类巡线装置开始研究比较早，技术也相对成熟，清除异物装置的起步较晚，研究报道相对很少。

日本东京电力公司于 1988 年研制出第一款光纤复合架空地线巡线装置，如图 1-1 所示，此款巡线装置的机械系统主要由行走装置、弧形导轨及导轨操纵装置组成；装置的两个驱动轮和两个夹持轮负责装置的线上行走及爬坡功能，一旦装置在线上遇到杆塔障碍，其弧形导轨会形成沿线释放，车身主体可以沿弧形导轨避开障碍物行走至线塔的另一端，当装置成功抓紧另一端地线时，收回到轨，装置继续沿地线行走巡检。由于带有体积较大的弧

形导轨，导致装置整体质量过重，避越
障碍物时对电池的消耗很大；同时该装
置没有设计携带外部环境传感器，导致
它的适应性也相对较差。虽然该模型缺
点明显，从未在现场应用，但该项目对
随后对巡线装置的研究具有启发性
作用。

　　1990 年，日本三菱电动机株式会
社研制出一台具有双臂仿生蛇形的巡线
装置样机，两条移动臂、四套驱动装置
及四组夹持器共同组成了该样机的移动
机构，通过实验验证它能够沿架空地线

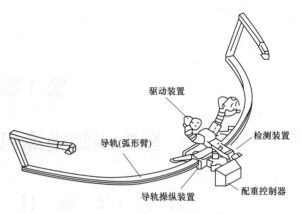

图 1-1　光纤复合架空地线巡线装置

安全行走，同时该装置也具有自动跨越杆塔的功能。同年，日本政法大学研制出来了电气
列车馈电电缆巡检装置。此电缆巡检装置整体结构是由六对对称排列的小车通过磁锁系统
连接而成，装置共装有 24 个电动机，每两个电动机供给一个小车，主要负责为小车提供驱
动动力及控制小车间关节的连接动作。在线路平稳的情况下，行走电动机工作，所有小车
的行进速度相同，在线上稳定的行走，一旦头部方向的小车遇到线上障碍物，它的关节控
制电动机便会工作，释放磁锁并且逐渐打开连接关节。关节角度张开一定的角度以便通过
障碍物，成功通过障碍物后，磁锁夹紧关节闭合，使小车恢复线上行走状态。其他五对小
车会以相同的方式按顺序进行越障，待尾部小车越障完成后，整个装置便完成一次越障行
走过程。

　　为了实现线上自动除冰功能，2000 年加拿大魁北电力研究院设计了一种输电线路除冰
装置，采用模块化设计，在保证除冰功能的同时又兼具其他功能，当执行不同的工作任务
时只需更换不同的工作头即可，虽然该装置的模块化结构设计可以实现架空输电线路不同
的任务，但只能在一级线塔内进行工作，没有越障功能。如图 1-2 所示，经过进一步发展，
除冰装置成为具有巡检、维修、清障等多功能移动平台。在前两代装置的基础上，该研究
院与 2008 年研制出新一代巡线装置，如图 1-3 所示，这款装置不仅拥有前两代装置所具有
的功能，同时增加了其跨越障碍物的能力，并且该装置安装有视觉检测设备，能够监测到
线路的具体情况，但装置的本体结构比较复杂。

图 1-2　输电线路除冰装置

图 1-3　巡线装置

　　虽然我国对线路装置的研究开始的相对较晚，但在"863 计划"的支持下，我国对输电线路研究技术日渐成熟，取得了显著的研究成果。中国科学院沈阳自动化研究所在 2005 年研制出一款巡线装置样机，该装置集数据传输、智能控制、机械本体于一体，首次将巡检装置和地面移动基站看为一个整体系统，并且在辽宁地区完成现场带电试验工作。

　　上海大学于 2007 年研制出一款两臂高压线巡检装置样机，该装置主要应用于高压导线巡检，装置通过两个具有多自由度手臂在地线上行走，每个手臂末端都安装有滚轮和手爪，保证装置行走的稳定性，当巡检条件较好的线路区域时，装置通过滚轮进行线上行走；当线路情况复杂时，可以通过手爪进行抓取行进；该装置采用先进的传感技术进行障碍物识别，辅助装置完成线上越障行走。

　　天津大学研制的线缆巡检装置，采用三臂悬挂式设计，相比较两臂装置，运行更加平稳，针对线缆的实际作业环境，该装置将输电线路塔线体系等先验信息以知识库的形式存储，通过传感器采集到的信息，推断可能出现的情况，实现巡检装置自动巡检；并且该装置安装有视觉传感器，保障越障过程的安全可靠。

　　2014 年，北京林业大学研制出一款 220kV 线缆除冰装置样机，除冰装置的越障机构采用模块化设计。每个模块在轨道上的位置均可调整，遇到障碍物时，各个模块相互配合完成越障。

　　从国内外已取得的研究成果可以看出，国内外对架空线路巡线装置的研究已开展多年并且技术较为成熟，已进于实用阶段。部分巡线装置已经能够自主完成跨越线塔障碍物、线路附件的功能，并且装置已经可以在恶劣环境完成长时间、大范围的工作任务。但是这类装置大部分局限于巡检以及清除异物。

　　而对于配电线路绝缘自动修复方面，2011 年，国网山西省电力公司进行了 10kV 带电作业装置实用化研究。包括研发装置绝缘防护系统、装置双臂协调及避障技术，以及控制系统编制和适合装置的带电作业规范。在绝缘斗臂车上安装装置，完成剥皮、加盖遮蔽罩、断线、接线、清扫线路异物等工作作业。采用线上行走装置为架空裸线包裹绝缘包裹片，以其代替人工完成绝缘包裹工作。

　　淮南供电公司与华北电力大学装置研究团队合作，于 2015 年开展这方面的调研和研究工作，2017 年 4 月制作出一套具有分段绝缘修复功能的装置并通过验收，装置一次最多可以修复 0.6m 破损绝缘皮，该装置获得 3 项专利授权。2017 年获得科技项目立项，研制了一套可应用于 10kV 线路、一次可以包裹 2m 或以上的绝缘包裹机器人，并获得 10 项专利授权。

1.2.2　国内其他研究单位的研究情况

2018 年，贵州电网有限责任公司研究的配电架空输电线路带电敷设包裹绝缘层装置，并申请专利，该项目取得主要技术突破有：集成、研制出 6 自由度主从控制式液压机械臂；成功研制绝缘斗臂车专用装置作业平台，满足人机交互空间与带电操作安全距离完美结合；研制成带电作业装置多级绝缘防护系统，能有效防止相间短路、对地之间绝缘防护、操作人员通过光纤远程遥控机械臂夹持专用工具接触高压线路作业，保证操作人员的人身安全；研制出断线钳、破螺母机、电动扳手、遮蔽防护工具和专用引流线夹，且专用作业工具具有统一的机械连接和电气控制接口，实现规范化、标准化、系列化要求。

2018 年 12 月，西南交通大学架空裸露线缆自动包裹装置申请专利，公开了一种架空裸露线缆自动包裹装置，机架在竖直方向至少安装有两层横梁，机架最上端的横梁上固定连接有纵梁，纵梁上设置有送料机构及安装在送料机构同一侧的至少两个用于架空裸露线缆自动包裹装置在线缆上移动的行走机构；机架最底层的横梁上开设有供线缆进入的入口端；机架最底层的横梁上固定安装有升降机构，升降机构上安装有位于行走机构之间、用于放置线缆及将绝缘皮包裹在线缆上的扣合机构；邻近送料机构的行走机构与扣合机构之间的纵梁上安装有进料支撑机构。

2019 年 3 月，四川率维智能科技有限公司、西南交通大学共同申请专利：采用架空裸露线缆自动包裹装置对线缆进行包裹的方法。本发明公开了一种采用架空裸露线缆自动包裹装置对线缆进行包裹的方法，其包括调整升降机构带着扣合机构向着机架底部运动，直至扣合机构不会阻挡线缆进入区域；将绝缘皮经机架顶部的绝缘皮导向机构引入送料机构，卡入邻近送料机构的行走机构内后引导安装在进料支撑机构上；采用绝缘支撑件将架空裸露线缆自动包裹装置提升至线缆的上方，并将线缆从入口端进入架空裸露线缆自动包裹装置，经线缆导线机构的引导进入进料支撑机构内的同时与行走机构接触；启动进料支撑机构和升降机构，进料支撑机构收紧后关闭进料支撑机构，扣合机构邻近进料支撑机构时关闭升降机构；启动送料机构、行走机构和扣合机构，使绝缘皮进入扣合机构对线缆进行包裹。

以上两项专利，具体来看与本项目相同的是：用线上行走装置代替人工，完成架空裸线的绝缘包裹工作；不同的是：包裹所使用的材料不同，包裹装置的机构明显不同。行走机构不同，本项目采用剪叉式结构；包裹机构不同，本项目包裹机构是分为储料盘、第一级输送、喇叭口定型机构、第二级输送并夹紧四个部分。

绝缘包裹装置的技术研究起步于 2010 年，现仍在发展当中。国内外已有学者针对配电线路绝缘包裹技术开展了系列工作，但多从理论或技术上分析某个侧面的问题，与实际应用还有差距。迄今为止，配电线路绝缘包裹装置尚未有在工程中成功应用的报道。因此设计一款安全可靠、稳定运行的具有较好作业能力和缺陷检测功能的配电线路绝缘包裹装置替代传统人工方式，实现对配电线路绝缘包裹作业，对于保障电力畅通，促进智能电网建设具有重要意义。

1.3　项　目　简　介

该项目围绕高压架空裸线绝缘包裹和绝缘修复装置开展设计研究，在淮南供电公司2015～2019 年配电线路绝缘修复、包裹机器人的基础上，根据高压架空裸线绝缘包裹和绝缘修复实际作业过程制造出一组适用于高压架空线路绝缘包裹装置实用化样机，并实现与前期研发的机械臂、双臂装置等协同应用，自主完成对配电线路缺陷检测、裸线绝缘包裹和绝缘破损修复等任务。

本项目主要研究内容如下：

（1）根据卡扣式绝缘保护套卡扣原理及高压架空裸线绝缘包裹实际作业过程，确定该绝缘包裹机器人的总体方案。

（2）以机器人整体方案设计为基础，对机器人各组成单元进行具体的机械结构设计。

（3）对升降机构主要工作部件丝杠导轨进行静力学和动力学分析，验证机构的稳定性。

（4）进行机器人控制系统设计，实现人机交互。

（5）完成机器人的总装，在实验室搭建架空裸线环境对机器人的性能指标进行实验验证。

针对凤台供电公司农网 10kV 配电线路绝缘修护使用现状，开发了一套配电线路绝缘包裹机器人，机器人的本体由升降机构、行走机构、包裹机构组成。

（1）升降机构依靠调节两个大悬臂夹角实现装置的升降功能，两个大悬臂交叉相连构成了剪刀叉结构，悬臂一端装有两组电动机，传动引入丝杠螺母，通过无线遥控器控制电动机的转动，使得丝杠螺母旋转，使得两个大悬臂之间的夹角发生变化，实现装置的上升和下降。在保证机械强度的前提下通过对角铝骨架上开孔使整体不仅强度高而且质量轻。

（2）行走机构依靠电动机为两组滑轮提供动力借助滑轮与线路间的摩擦实现装置在架空线上的行走，滑轮采用包胶工艺来增加其与线路间的摩擦力。行走机构的电动机与电源分离，由限位开关实现电源的供给。行走机构主要由包胶和滑轮组成，通过电动机提供动力带动滑轮滚动，从而实现机器人在架空线上的行走功能；包裹机构是整个装置的核心机构，通过夹紧机械手和移动机械手的配合实现绝缘橡胶的固定与封口。

（3）包裹机构由输送装置和夹紧装置组成。卷轮为输送装置，其上卷有卡扣式绝缘橡胶，最大可支持 10m 的包裹工作，动力装置和控制装置提供装配间，输送装置由推杆电动机控制就位，最终实现绝缘橡胶的包裹任务。

绝缘材料选用乙丙橡胶，该材料具有良好的耐老化性、耐磨性、耐油性、电绝缘性能和耐臭氧性，是电线、电缆及高压、超高压的良好绝缘材料。绝缘橡胶呈开放卡扣式结构，该结构对于架空线而言易于使用，操作简单。

开发研制该装置主要包含以下工作：装置绝缘修护本体部分的设计制作，远程遥控控制系统的研究与开发，电动机状态、绝缘距离自动识别、报警等信息反馈系统的研究与开发。

1.4 工 作 原 理

1.4.1 原理简述

绝缘包裹装置由行走机构、升降机构、包裹机构、控制系统组成。行走机构可实现装置在架空线上的行走功能；升降机构采用剪叉机构实现输送包裹机构的上升下降；包裹机构是整个装置的核心机构，输送绝缘材料并定型，使得绝缘橡胶紧紧包裹在线路上，实现配电线路绝缘修复与包裹。该装置配备双控制方式，既可以和前期研发的机械臂实现控制目标，又可以通过装置上的按键、手机、平板等无线终端设备 WiFi 网络控制。

该项目目标：进一步研究配电线路绝缘包裹系列小型化装置的结构和控制方案；制作系列配电线路绝缘包裹装置，能够和前期研发的机械臂、双臂机器人或操作杆配套完成带电作业包裹任务；选取配电线路的绝缘包裹典型案例线路，完成装置的小型化、系列化和产品化。

1.4.2 配电线路绝缘包裹装置

升降电动机主要为机器人提供升降动力，升降电动机选用德国冯哈勃带编码器空心杯减速电动机，如图 1-4 所示，即与输送单元所选电动机相同，升降行星齿轮的传动效率取 $n_1=0.94$，电动机输出轴通过联轴器传递至丝杠，联轴器轴承滑块等效率取 $n_2=0.94$，丝杠效率取 $n_3=0.3$，最大工作电流 $I=1.42A$，所以电动机传递到输出轴的功率为

$$P_出 = P \cdot \eta_1 \cdot \eta_2 \cdot \eta_3 = 4.5(\mathrm{W})$$

减速比为 $i=2:1$，滑块最大移动速度为

$$V_滑块 = V_电机 \cdot i = 120 \times 2 = 240(\mathrm{mm/min}) = 4(\mathrm{mm/s})$$

滑块最大推力为

$$F_推 = P/V = 4.6/4 = 1125(\mathrm{N})$$

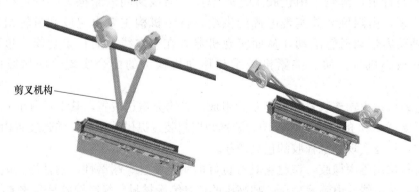

剪叉机构

图 1-4 升降装置

对机器人丝杆导轨受力分析可知，当机器人处于工作状态时，即当剪刀叉机构处于完全交叉状态时所需推力最大，此时升降机构处于极限工作状态，如果升降机构能够在极限状态下安全工作，则机器人整个工作过程便可安全完成。机器人工作状态受力简图如图 1-5 所示。

机器人重 $G=160N$，对机器人工作状态受力分析可得

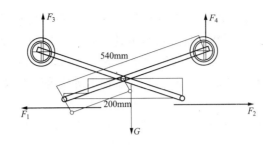

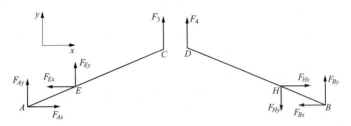

图 1-5　工作状态受力简图

$$F_{Ay} = F_{By} = F_3 = F_4 = G/2$$

$$F_{Ax} = F_{Bx} = F_{Ex} = F_{Hx}$$

$$F_{Ey} = F_{Hy} = 0$$

$$F_3 l\cos\beta = 0.5 F_{Ex} l\cos\beta = 0$$

当机器人升降机构处于极限状态时，$\beta = 20°$，有

$$F_{Ax} = F_{Bx} = F_{Ex} = F_{Hx} = 2F_3 \times \cot\beta = 442(\text{N})$$

即

$$F_1 = F_2 = 442\text{N}$$

电动机提供滑块最大推动力为 1125N，升降机构工作状态极限驱动力为 442N，所以电动机功率足以保证机器人升降机构正常稳定的工作。

行走机构如图 1-6 所示，其电动机与电源分离，当装置内部滑动条未在目标位置时，限位开关打开，由限位开关实现电源的供给。

（1）滑轮驱动原理。机器人通过包胶滑轮与裸线间的摩擦实现线上行走功能，包胶滑轮的轮廓边缘设计成齿轮状，滑轮中部卡在裸线上。行走电动机安装在剪刀叉机构顶端，电动机与包胶滑轮形成齿轮配合驱动包胶轮转动，实现线上行走。

图 1-6　行走机构

驱动滑轮包括减速电动机、减速器和驱动轮，驱动力通过一级齿轮减速传递到驱动轮上，驱动机器人在架空线上行走，小齿轮齿数为 17，模数 $m_1 = 2$，为标准齿轮压力角为 20°，齿宽为 5mm；大齿轮在行走轮的轮廓边缘，齿数为 61，模数 $m_2 = 2$，齿宽为 5mm，齿轮减速比为 1∶3.59。

（2）驱动力计算。驱动电动机选用瑞士 Maxon 空心杯减速伺服电动机，电动机的工作电压为 12V，输出功率为 12W，自带行星减速器，电动机额定转速 $n=580\text{r/min}$，电动机最大工作电流 $I=0.5\text{A}$；行星齿轮的传动效率取 $\eta_1=0.94$，电动机输出轴通过一级直齿轮传递至驱动滑轮，传递效率 $\eta_2=0.95$，联轴器轴承滑块等效率取 $\eta_2=0.95$，所以一个行走滑轮的输出功率为

$$P_{出}=P\cdot\eta_1\cdot\eta_2=12\times0.94\times0.95=10.7(\text{W})$$

减速比为 $i=1/3.59=0.28$，驱动轮最大转速为

$$N_{出}=V_{电机}\cdot i=580\times0.28=162(\text{r/min})$$

驱动轮半径 $R=19\text{mm}$，所以最大前进速度为

$$V_{轮}=N_{出}\cdot R\cdot2\pi/60=162\times0.019\times2\times3.14\div60=0.32(\text{m/s})$$

机器人重约 16kg，驱动轮与裸线滚动摩擦系数 u_1 约为 0.1，滑动摩擦系数 u_2 约为 0.4，机器人正常行走时的摩擦阻力 f_1 为

$$f_1=M\cdot g\cdot u_1=16\times9.8\times0.1=15.68(\text{N})$$

驱动轮开始行走所需最小牵引力 $F_{\min}$ 为

$$F_{\min}=M\cdot g\cdot u_2=16\times9.8\times0.4=62.72(\text{N})$$

电动机提供最小牵引力 $F_{\min1}$ 为

$$F_{\min1}=P_{出}/V_{轮}=10.7\div0.32=33.4(\text{N})$$

由此可知，一个电动机产生的牵引机为 33.4N，驱动轮正常行走的摩擦阻力为 15.68N，足够机器人正常行走。

当架空裸线存在一定角度时，设角度为 ∂，则摩擦阻力 f_2 为

$$f_2=M\cdot g\cdot u_1\cdot\cos\partial=16\times9.8\times0.1\times\cos\partial=15.68\cos\partial(\text{N})$$

重力产生沿裸线方向的分阻力 F_1 为

$$F_1=M\cdot g\cdot\sin\partial=16\times9.8\times\sin\partial=15.68\sin\partial(\text{N})$$

此时合阻力 $F_{合}$ 为

$$F_{合}=f_1+F_1=156.8\sin\partial\text{ N}+15.68\cos\partial\text{ N}$$

重力产生垂直于裸线方向的压力为 F_2，此时的牵引力 $F_{牵2}$ 为

$$F_{牵2}=F_2\cdot u_2=M\cdot g\cdot\cos\partial\cdot u_2=62.72\cos\partial(\text{N})$$

当 $F_{牵2}=F_{合}$ 时，$\partial=16.7°$

当机器人速度为 0.32M/s 时 $F_{合}=60.5\text{N}$，最小功率为

$$P_{\min}=F_{合}\cdot V_{轮}=60.5\times0.32=19.36(\text{W})$$

两个驱动轮总功率为

$$P_{总}=2\times P_{出}=22(\text{W})$$

计算可知当架空裸线存在 16.7° 两个驱动轮提供的总功率可以满足机器人行走所需。

包裹单元分为储料盘、压轮输送机构、喇叭口辅助定形机构、二级输送并压紧装置等几部分。第一级输送部分为压轮输送机构，两轮压送只夹紧包裹片中间部分，减小了夹紧力和夹紧范围，使得包裹片更容易以正确的角度进入机器内部。随后包裹片进入第二级输送夹紧部分，输送夹紧为 4 个主动压紧轮，包裹片经过这一部分时，一边被压紧，一边被输送，包裹片经过这里时，一边被压紧，一边被输送，从而完成封口压紧工作，使得绝缘橡胶紧紧包裹在线路上，实现配电线路绝缘修复与包裹。从上一喇叭口部分拉过来，以此

夹紧输送轮转速为主,包裹时第一级输送部分和机器人行走部分都为辅助力,随之转动而向前运动。夹紧部分整体设计成钳型,由电动机控制张合,状态夹紧为刚性夹紧。解决了包裹片输送发生偏转、包裹片不能顺利变型、夹紧部分不能封口等诸多问题。

1.5　结构设计与加工

1.5.1　升降机构设计

装置整体设计图如图 1-7 所示,整个装置包含行走机构与包裹机构。行走机构的动力分别来自两个独立电动机,机构可靠性强,依靠电动机提供的动力带动两个滑轮转动,利用滑轮与导线间的摩擦实现机器人行走,原理简单,适用性强;滑轮采用包胶工艺来增加其与线缆间的摩擦力,运行效果好。包裹机构主要由夹紧机械手和移动机械手组成。整体装置在仿真试验及实地运行试验中都表现出了极高的适应性与可靠性,包裹效果达到了设计目标且符合国家的相关技术标准。

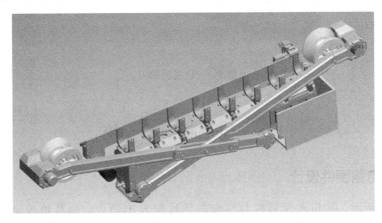

图 1-7　整体结构

1.5.2　行走机构设计

行走机构如图 1-8 所示,依靠电动机带动两个滑轮转动,通过滑轮与导线间的摩擦实

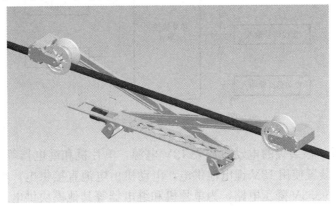

图 1-8　行走机构

现机器人行走，滑轮采用包胶工艺来增加其与线缆间的摩擦力。

1.5.3 包裹机构设计

包裹机构主要由夹紧机械手和移动机械手组成，如图 1-9 所示。夹紧机械手在整体装置到达预定位置后夹紧，线缆修补片开口端在机械手作用下合到一起；线缆修补片开口合到一起后，移动机械手夹持着拉锁，将其拉到最右端；拉锁拉到最右端后，夹紧机械手继续夹紧，使修补片开口端紧密贴合；此时移动机械手夹持着拉锁向左拉，将电缆修补片锁住；至此，修补片完全包裹在电缆上。

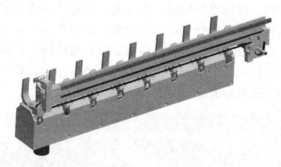

图 1-9　包裹机构

1.6　控　制　系　统

1.6.1　电路硬件设计

如图 1-10 所示，按钮和无线控制终端向单片机发出命令，单片机控制继电器和指示灯，电动机带有反馈环节，向单片机反馈动作结果。

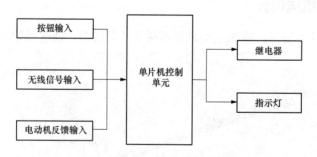

图 1-10　控制系统结构框图

电源单元设计：该装置的电动机需要 12V 电源，单片机和继电器等其他模块需要 5V 和 3.3V 电源。该装置使用 12V 锂电池供电，电动机由电池直接供电，单片机电路板上设计了 12～5V 和 5～3.3V 降压电路，为单片机和继电器等其他模块供电。系统主要包括六部分：电源管理部分、STM32 芯片、按键、WiFi 模块、继电器输出部分和 LCD 显示屏，是配电线路绝缘自动修护装置的核心控制系统。

继电器输出电路设计：为了输出大电流控制频率不高的开关量，该装置采用继电器输出电路控制电动机动作，采用如图 1-11 所示连线方式，通过两个继电器控制一个电动机正反转。

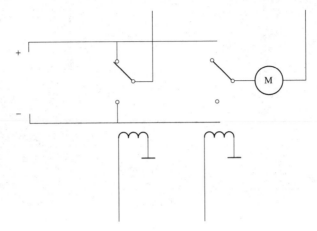

图 1-11　继电器控制电动机电路图

1.6.2　方案设计

装置上安装了串口转 WiFi 模块，通过串口与单片机进行通信。WiFi 模块工作在 WiFi AP 状态，并开启 DHCP 功能，外部 WiFi 设备（手机、平板电脑、便携式计算机等），可以通过 WiFi 连接到模块，与模块之间进行双向通信，如图 1-12 所示。

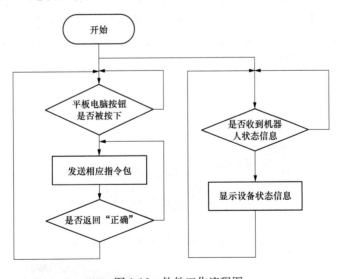

图 1-12　软件工作流程图

软件设计了基于 Android 系统的专用控制软件，通过该装置的 WiFi 局域网，实现与装置的通信，如图 1-13 所示。

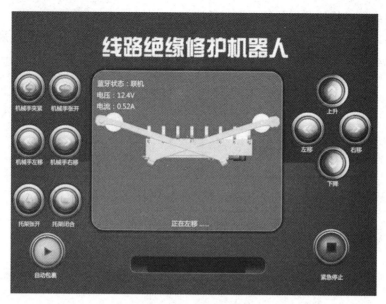

图 1-13　软件主界面

1.7　工作验证与评价

2015 年，淮南供电公司与华北电力大学机器人研究团队合作开展配电线路绝缘自动包裹项目调研与预研究，开展绝缘修护装置方案与技术研究，2017 年 4 月制作出一套具有线路绝缘修护功能的装置并通过验收，装置一次最多可以修复 0.6m 破损绝缘皮。绝缘修护装置如图 1-14 所示。该装置具有行走、升降和绝缘修复包裹机构组成，绝缘材料选用开口式热缩电缆修补片，如图 1-15 所示。由于该装置仅能包裹 0.6m 以内，且由于无加热装置，热缩电缆修补片不能紧紧包裹在线路上，该装置不能实用化。

图 1-14　预研究试制的绝缘修护装置原型机

图 1-15　电缆修补片结构

1. 绝缘包裹机器人设计与试制

在项目预研究的基础上，研发一套配电线路绝缘包裹机器人代替人工登高作业，该装置由行走机构、升降机构、包裹机构组成，如图 1-16 和图 1-17 所示。行走机构的电动机与电源分离，由限位开关实现电源的供给。

图 1-16　装置的升降机构

图 1-17　装置的行走机构

其中，包裹机构由储料盘、压轮一级输送机构、喇叭口辅助定形机构、二级输送并压紧装置等组成，绝缘包裹片选用呈开放卡扣式结构的绝缘乙丙橡胶，采用压轮输送机构实现包裹片的输送，两压轮通过弹簧紧压包裹片，压轮转动，完成一级输送工作，包裹片通过喇叭口辅助定形机构，实现包裹片渐渐由平面向包裹在电缆上的圆筒状形变，二级输送压紧装置再通过两对相互啮合的齿轮分别带动压紧轮实现包裹片的封口压紧，两对压紧轮构成一个封闭的圆管通道，压紧轮主动转动，包裹片经过这里时，一边被压紧，一边被输送，从而完成封口压紧工作，使得绝缘橡胶紧紧包裹在线路上，实现配电线路绝缘修复与包裹。

项目组前后经过两次设计与验证确定最终技术方案。两次设计的行走机构、升降机构类似，主要不同在包裹机构与方式不同。最终方案二为实施方案，方案三为未来绝缘包裹小型化的方案设想。

方案一选用开口式热缩电缆修补片，设计利用包裹手爪加热，待绝缘橡胶完全包裹且拉上拉锁后，加热片开始加热，修补片受热收缩后紧紧包裹在线路上，实现配电线路绝缘包裹。

方案一第二版相比于试验性的第一版，第二版整体设计有了较大的改动，去除了第一版中冗余的部件，使整体结构更加的紧凑，第二版设计定稿并投入制作并完成，在凤台供电公司配电线路现场测试，如图 1-18 和图 1-19 所示。

图 1-18　设计方案第一版

图 1-19　设计方案第二版

2. 机器人包裹工作流程

机器人行走至电缆破损处，大臂张开，机器人主体上升；待上升至电缆所在高度，机械手启动，机械手夹持住电缆修补片的拉锁，机械手行走至机器人的最右端，此时，电缆修补片的拉锁悬在机器人的外面；翻转机构开启翻转，电缆修补片固定在翻转机构内部的托架里，随翻转机构一并扣在电缆上方；当翻转机构完全扣在电缆上方以后，托架由电动机驱动开始闭合，使电缆修补片开口端完全闭合；待电缆修补片两开口端已完全闭合后，机械手开始工作，由机械手夹持住电缆修补片的拉锁，沿着电缆修补片已闭合的开口，从一端拉向另一端，直到将电缆修补片完全锁死，机械手张开，如图1-20所示。

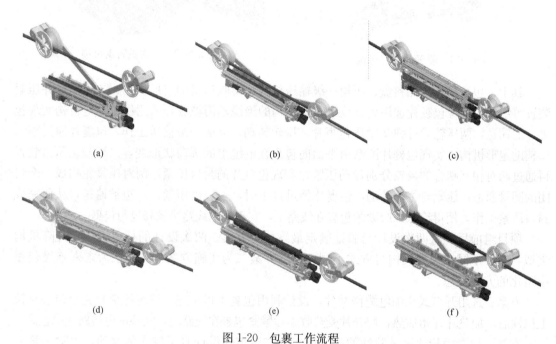

图 1-20　包裹工作流程

（a）机器人行走至电缆破损处；（b）机器人上升，机械手将拉锁拉至最右端；
（c）翻转机构翻转，电缆修补片倒扣在电缆上；（d）两托架闭合，电缆修补片合并，拉上拉锁，
机械手张开，通电加热，电缆修补片收缩；（e）翻转机构张开；（f）机器人下降，完成包裹

方案一第三版相较于第二版增添了加热机构，优化了第二版的机械机构，使整体功能更加的流畅灵活。第三版设计定稿并投入制作，但由于加热效果不均匀，绝缘修补片热缩效果差，且加热需要大功率电源，难以解决电源问题，装置制作未成功。

此版方案最重要的技术积累是手爪部分的巧妙。手爪部分为两个半圆柱形的内腔，可以张开和闭合，用来夹住拉锁，其动力由一个舵机控制，整个机械手安装在直线导轨上，可以沿直线导轨左右滑动，滑动范围550mm。机械手及控制其移动的丝杠导轨如图1-21所示。

方案二选用呈开放卡扣式结构的绝缘乙丙橡胶，采用输送、定型和输送夹紧装置，使得绝缘橡胶紧紧包裹在线路上，实现配电线路绝缘修复与包裹，不需要加热。本方案经过4次改进，机器人效果如图1-22所示。

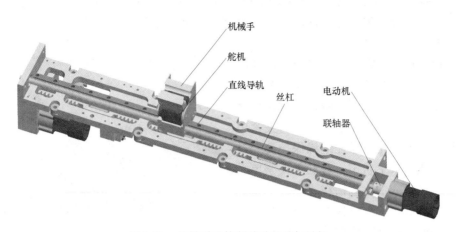

图 1-21　机械手及控制移动的丝杠导轨

绝缘包裹机器人设计方案二第一版
如图 1-23 所示，在原有技术基础上，行
走机构保留包胶滑轮，通过电动机提供
动力带动滑轮滚动，实现机器人在线路
上行走功能；升降机构采用剪叉机构实
现输送包裹机构的上升下降；包裹机构
通过卷轮、连杆与滑轮，以及机械手的
配合实现绝缘橡胶的输送与包裹。由于

图 1-22　方案二绝缘包裹机器人效果图

方案中并没有考虑输送单元，导致绝缘保护套不能准确地输送给夹紧单元，导致加工出的
机构不能稳定的工作。

图 1-23　设计方案二第一版

绝缘包裹机器人设计方案二第二版，在初始方案的基础上，对机器人本体结构设计输
送单元，以保证绝缘保护套可以稳定的输送给夹紧单元，方案确定了绝缘包裹机器人整体
上主要包括五个单元，即输送单元、夹紧单元、钉扣单元、升降和行走单元、料盘单元。
同时机器人应兼顾功能性、稳定性和成本。改进的主要目的是保证机器人将绝缘保护套准
确地输送给夹紧机构，所以在夹紧机构前设计连接输送机构，输送机构通过两个相互压紧
的输送轮输送绝缘保护套。两压紧轮固定在夹紧机构之前，输送电动机安装在侧板底部，

通过同步带带动两压轮转动。机器人输送单元的工作方式是输送带传动，加工出机构零件，输送带在工作中会出现摇晃、摆动等不稳定现象，同时输送带传动也占用了更多的空间，因此还需要进一步改进。

绝缘包裹机器人设计方案二第三版如图1-24所示，考虑到机器人的结构紧凑和输送稳定性，最终将机器人同步带传动输送单元设计为齿轮传动，并且在输送单元与夹紧单元间增加六对导向轮，保证绝缘保护套经过输送单元后即呈水平状态，有利于夹紧单元对包裹带的夹紧。主要包括在支撑板上布置架空裸线包裹机构，支撑板的一侧边与升降机构的一端连接，升降机构的另一端通过行走机构与待包裹配架空裸线路构成滑动配合，包裹机构包括输送机构和夹紧机构，输

图1-24　设计方案二第三版整体图

送机构的一端与卷料盘包裹带出料口连接、另一端与夹紧结构的进料口连接。这版方案四个滚子都为主动轮，整个包裹片都被夹紧，包裹片很容易走偏。

绝缘包裹机器人设计方案二第四版，主要在包裹单元做了一些改进，新的包裹单元分为第一级输送、喇叭口定型、第二级输送夹紧三个部分，如图1-25所示。第一级输送部分将原来的4轮夹送部分改为两轮压送，原版四个滚子都为主动轮，整个包裹片都被夹紧，包裹片很容易走偏，新版仅保留两个压紧轮，并且只夹紧包裹片中间部分，减小了夹紧力和夹紧范围，使得包裹片更容易以正确的角度进入机器内部。随后包裹片进入第二级输送夹紧部分，这一部分将第三版的6个压紧轮改为4个压紧轮，将原来的随动轮改为主动轮，这样，包裹片经过这一部分时，一边被压紧，一边被输送，从上一喇叭口部分拉过来，以此夹紧输送轮转速为主，包裹时第一级输送部分和机器人行走部分都为辅助力，随之转动而向前运动。

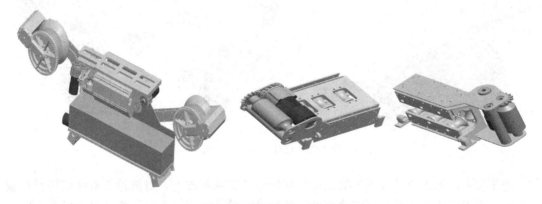

图1-25　设计方案二第四版

通过多次现场实际运用，该套装置相比传统作业方式在以下几个方面优势较为明显：

（1）在安全性方面：相对比传统作业方式，本次开发的绝缘包裹机器人为智能化设备，大大减小了人工登杆作业带来的安全风险，对于日常的现场作业安全把控具有极大的作用。

（2）作业效果方面：根据设备在实际应用中所展现出的作业效果，经绝缘包裹机器人修复后的导线表面无明显痕迹，绝缘表皮无明显起伏，相比人工作业，工艺水平较高。

（3）作业时长方面：根据现场实际对比，绝缘包裹机器人在作业效率得以大大提高。

（4）经济效益方面：按照传统作业方式，一次作业至少需要一辆电力升降车和两名工作人员，按一年80次、车辆使用费2000元（车次）、人员费300元（人次）计算为80×（300×2+2000×1）＝208 000元，即一年带给公司的直接经济效益达到208 000元。

同时，绝缘自动包裹装置在实际运用中为带电作业，大大减少了停电时长，提高了公司的供电可靠性，大大提升了公司的口碑，同时也间接给公司带来了经济效益。

1.8　创新点分析

行走机构主要由包胶和滑轮组成，通过电动机提供动力带动滑轮滚动，从而实现机器人在架空线上的行走功能。升降机构采用动滑轮实现输送包裹机构的上升下降，完成整个装置的衔接。包裹机构是整个装置的核心机构，由储料盘、压轮一级输送机构、喇叭口辅助定形机构、二级输送并压紧装置等组成，完成绝缘包裹片输送、包裹、压紧，实现配电线路绝缘包裹与修复。从而替代人登高作业，实现10kV配网线路绝缘包裹与修复工作自动化，样机如图1-26所示。

图 1-26　绝缘包裹机器人样机

该装置配备双重控制方式，既可以通过装置上的按键控制，也可以使用手机、平板电脑等无线终端设备，通过WiFi网络控制。通过遥控手柄和平板电脑或手机就可以遥控装置的绝缘包裹机器人进行设置、状态显示与报警、控制与操作，控制绝缘包裹机器人在配电线路上前后行走移动、上下升降、绝缘包裹等动作，同时通过USB口采集摄像头数据，实施对线路的图像实时观察，如图1-27所示，确定线路是否存在绝缘问题或包裹修复的效果。

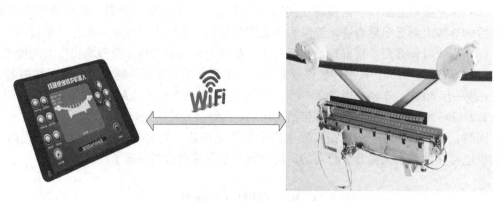

图 1-27　平板电脑与机器人的无线通信

第 2 章

基于旋翼机器人的电厂盘煤装置

2.1 项 目 目 标

该项目以机电一体化思想为核心，以无人机、机器人等为载体，依靠差分 GPS 技术、定位基站模块等进行准确定位，通过陀螺仪惯性导航系统完成自主导航，凭借激光测距技术实现煤堆外廓与无人机相对距离的准确测定，最后综合位置与距离的数据拟合出煤堆的轮廓曲面，通过积分求得煤堆体积。

2.2 国内外研究概况

电力工业是国民经济发展中最重要的基础能源产业，关系到国计民生。确保火力发电企业正常生产的基础是燃料的正常供给和输送的稳定，火电厂的燃煤约占发电成本的 75%～80%，为了准确核算火电厂的发电成本，每到月末都要对煤场存煤量按时进行测量，将这样的测量过程称之为盘煤。早期一些火电厂盘煤方法由人工完成。这种方法不仅费时费力，而且盘煤结果误差很大，受气候的影响也较大。在人工盘煤的全过程中，每次所需机械设备的劳务费、油料费、台班费、维护费和折旧费等为 1 万～3 万元，全年约花费 15 万～36 万元。

1. 人机测绘技术

无人机测绘技术含量高、使用效能好、发展前景广阔，最初应用于军事领域，伴随高科技的发展，无人机在商业和居民日常生活领域的市场巨大。在美国、日本、德国等发达国家无人机已逐步投入应用，主要用于环境监测、农业、摄像等领域。我们国家基于无人机技术的研究起步较晚，始于 20 世纪 50 年代后期，到 60 年代中后期才投入具体研制，而现今也已取得了很大进展，产品已经开始出口到国外高端市场。无人机测绘技术是近年来迅速发展起来的地理信息数据快速获取技术，该技术采用 IMU/GPS 技术进行自动导航，在 1000m 以下进行低空作业，具有机动灵活、高效快速、精细准确等特点。

2. 差分 GPS 技术

差分 GPS 是在正常的 GPS 外附加（差分）改正信号，此改正信号改善了 GPS 的精度。差分 GPS 就是首先利用已知精确三维坐标的差分 GPS 基准台，求得伪距修正量或位置修正量，再将这个修正量实时或事后发送给用户（GPS 导航仪），对用户的测量数据进行修正，以提高 GPS 定位精度。差分 GPS 的出现，能实时给定载体的位置，目前精度已达到厘米级，满足了引航、水下测量等工程的要求。位置差分、伪距差分、伪距差分相位平滑等技术已成功地用于各种作业中。

3. 激光测绘技术

随着人类社会的发展，人们对距离测量的要求越来越高。从军事上的空间监视、战场侦察、武器制导，天文上的月球等超远距离星体探测，到民用上的大地地貌探测，不仅探测物体更加多样化，而且精度要求也越来越高。1960 年美国研制出了世界上第一台激光器，激光以其优异的单色性、方向性和高亮度特点引起人们的高度关注，从此激光便在测距技术上得到广泛的应用。随着激光技术、电子技术、计算机技术和集成光学的发展，激光测距技术得到了快速的发展，以此为基础的激光测距仪也正朝着数字化、自动化和小型化的方向发展。

4. 陀螺仪惯性导航技术

惯性导航系统是人类最早发明的导航系统之一。早在 1942 年德国在 V-2 火箭就首先应用了惯性导航技术。1954 年惯性导航系统在飞机上试飞成功。1958 年舡鱼号潜艇依靠惯性导航在北极冰下航行 21 天。而美国国防部高级研究计划局新一代导航系统主要通过集成在微型芯片上的原子陀螺仪、加速器和原子钟精确测量载体平台相对惯性空间的角速率和加速度信息，利用牛顿运动定律自动计算出载体平台的瞬时速度、位置信息并为载体提供精确的授时服务。具体来说，将会比目前最精准的军用惯性导航的精度还要高出 $100 \sim 1000$ 倍，而这将会对军用定位、导航领域带来革命性影响。由于该导航系统具有体积小、成本低、精度高、不依赖外界信息、不向外界辐射能量、抗干扰能力极强、隐蔽性好等特点，很有可能成为 GPS 技术的替代者。

5. 机电一体化

机电一体化是将机械技术、电工电子技术、微电子技术、信息技术、传感器技术、接口技术、信号变换技术等多种技术进行有机地结合，并综合应用到实际中去的综合技术，现代化的自动生产设备几乎可以说都是机电一体化的设备。

2.3 项 目 简 介

新型盘煤技术装置结合了传感器技术、机械电子技术、微机电系统控制技术、计算机技术、材料学和仿生学等现代化技术学科，以无人机测绘的方式更加科学地完成了盘煤工作。

我们针对室内盘煤开发了两种室内盘煤系统。两种系统在完善的室内定位系统的支撑下可以完美进行室内煤堆的盘煤工作。基于室内定位的无人机盘煤系统由室内定位系统、多旋翼无人机系统、数字采集系统和数据处理系统组成。定位模块由 12 个基站，1 个标签组成，多旋翼无人机系统由无人机飞行器一套，数字采集系统由激光雷达扫描仪、单片机、数据储存系统组成、数据处理通过 MATLAB 软件完成。

1. 机器人盘煤

机器人盘煤方案是通过挂载激光雷达的悬挂轮式机械结构的机器人进行盘煤，机器人通过悬挂在干煤棚顶固定的导轨进行移动巡视，机器人盘煤方案相比较无人机盘煤方案，优势为：机器人盘煤工作更加稳定可靠、不需要无人机操作人员、可实现远程无人化控制操作、可挂载更多可见光相机红外相机等其他吊舱；劣势为：机器人盘煤速度比无人机稍慢，需要在干煤棚顶额外安装悬挂导轨。机器人盘煤方案除机械结构与无人机盘煤外观结构不同以外，都采用激光雷达，两种盘煤方式使用相同的盘煤检测原理，均能实现较高的检测精度。

2. 吊舱式盘煤

针对大型煤场，如 1500m×400m 的室内煤场更好的是采用吊舱式盘煤的方式，架设闭环式吊舱轨道、设置定位磁钢及其充电点，将激光雷达测距仪、编码器和霍尔传感器模块安装到吊舱上，通过编码器的计数及霍尔传感器识别磁钢信号后的校准定位来实现吊舱的精确定位。吊舱搭载激光雷达沿磁轨对室内煤堆进行打点扫描，将得到的吊舱位置信息和激光雷达扫描信息通过 WiFi 局域网或者 Zigbee 传输到后台。后台软件将煤堆表面有限个轮廓点进行曲线拟合，生成三维图，还原煤堆的形状，并通过程序来求解煤堆的体积和质量。

2.4　工　作　原　理

基于四轴无人机盘煤装置的工作原理如下：装置采用四轴无人机作为载体，搭载陀螺仪惯性导航系统及 GPS 定位系统可以快速遍历煤堆，激光测距仪将会对煤堆进行准确扫描测量，通过 GPS 定位仪及激光测距得到的定点数据通过 TTL 串口转换技术传输到无人机上的微机系统，微机系统将数据处理后储存在 SD 卡中，在飞行器完成测量工作后取出 SD 卡，读出数据进行煤堆三维体积模拟。在煤堆三维体积模拟中我们主要采用了 MATLAB 软件进行处理。

无人机搭载激光雷达测距仪和定位模块，通过室内定位模块的基站，对其进行定位，并通过电脑上位机对其进行航线规划，无人机搭载激光雷达按照航线对室内煤堆进行打点扫描，将得到的无人机飞行信息和激光雷达扫描所得的信息传输到单片机上进行处理，并储存到 SD 卡上，然后将 SD 卡中的文件导入 MATLAB 端，将煤堆表面有限个轮廓点进行曲线拟合，生成三维图，还原煤堆的形状，并通过编写积分程序来求解煤堆的体积和质量。机器人盘煤方案是通过挂载激光雷达的悬挂轮式机械结构的机器人进行盘煤，机器人通过悬挂在干煤棚顶固定的导轨进行移动巡视，初步效果如图 2-1 所示。

图 2-1　机器人盘煤概念图

2.5　结构设计与加工

2.5.1　室外无人机盘煤方案

本方案的装置涉及较多电气机构，分别通过控制装置实现不同的功能。其中有很多零部件，如集成电路板、无刷电动机、螺旋桨和支架、气压高度计、陀螺仪等。同时，各个零部件之间的衔接也需要用到各种固定零部件。要保证工作可靠，就需要根据可能发生的失效确定零件在强度、稳定性、寿命、温度变化等方面必须满足的条件，这些条件是判断零件工作能力的准则。因此，我们从材料力学分析、电动机传动分析等方面展开讨论。

1. 机械零件设计的计算准则

机械零件的计算可以分为设计计算和校核计算两种。设计计算是先根据零件的工作情况和选定的工作能力准则拟订出安全条件（如许用应力、许用变形等），用计算方法求出零件危险截面的尺寸，然后根据结构与工艺要求和尺寸协调的原则，使结构进一步具体化。而校核计算是先参照已有实物、图纸和经验数据初步拟订零件的有关尺寸，然后根据工作能力准则核验危险截面是否安全。在本次设计过程中，我们进行的主要是设计计算。

（1）判断零件强度的方法。

1）判断危险截面处的最大应力（σ，τ）是否小于或等于许用应力（$[\sigma]$，$[\tau]$）。这时，强度条件可以写成

$$\sigma \leqslant [\sigma], [\sigma] = \frac{\sigma_{\lim}}{[S_\sigma]}$$

$$\tau \leqslant [\tau], [\tau] = \frac{\tau_{\lim}}{[S_\tau]}$$

$$(2\text{-}1)$$

式中　$\sigma_{\lim}$、$\tau_{\lim}$——分别为极限正应力和切应力；

$[S_\sigma]$、$[S_\tau]$——分别为正应力和切应力的许用安全系数。

2）判断危险截面处的实际安全系数（S_σ，S_τ）是否大于或等于许用安全系数。这时，强度条件可以写成

$$S_\sigma = \frac{\sigma_{\lim}}{\sigma} \geqslant [S_\sigma]$$

$$S_\tau = \frac{\tau_{\lim}}{\tau} \geqslant [S_\tau]$$

$$(2\text{-}2)$$

采用何种方法进行计算，通常由可利用的数据和计算惯例来决定。

（2）静应力强度。在静应力时工作的零件，其强度失效表现为塑性变形或断裂。

1）单向应力时的塑性材料零件。按照不发生塑性变形的条件进行强度计算。这时，式（2-1）和式（2-2）中的极限应该为材料的屈服极限 σ_s 或 τ_s，计算 σ、τ 时可不考虑应力集中。

2）复合应力时的塑性材料零件。根据第三或者第四强度理论来确定其强度条件。用第三或者第四强度理论计算弯扭复合应力的时候，其强度条件分别为

$$\sigma = \sqrt{\sigma_b^2 + 4\tau_T^2} \leqslant [\sigma]$$
$$\sigma = \sqrt{\sigma_b^2 + 3\tau_T^2} \leqslant [\sigma]$$

$$(2\text{-}3)$$

式中　σ_b——弯曲应力；

τ_T——切应力。按照第三强度理论计算近似取 $\frac{\sigma_s}{\tau_s} = 2$。

按照第四强度理论计算时近似取 $\frac{\sigma_s}{\tau_s} = \sqrt{3}$，可得复合安全系数的计算公式为

$$S = \frac{\sigma_S}{\sqrt{\sigma_b^2 + \left(\frac{\sigma_S}{\tau_S}\right)^2 \tau_T^2}} \leqslant [S]$$

$$S = \frac{S_\sigma S_\tau}{\sqrt{S_\sigma^2 + S_\tau^2}} \leqslant [S] \tag{2-4}$$

式中　　$[S]$——许用复合安全系数。

3）允许少量塑性变形的零件。可根据允许达到一定塑性变形时的载荷进行强度计算，此塑性变形值由实际使用情况而定。

4）脆性材料和低塑性材料的零件。极限应力应为材料的强度极限。因不连续组织在零件内部引起的局部应力要远远大于零件形状和机械加工等所引起的局部应力，所以对于组织不均匀的材料，在计算时不考虑应力集中，组织均匀的低塑性材料则应考虑应力集中。在变应力时工作的零件，其强度失效表现为疲劳断裂。

循环特性 r 一定时，应力循环 N 次后，材料不发生疲劳破坏时的最大应力，成为疲劳极限，用 σ_{nN} 表示。

在计算疲劳强度时，其极限应力为疲劳极限。影响零件疲劳极限的因素除循环特性和循环次数以外，还有应力集中、零件尺寸、表面状态等，当这些因素不能详细考虑时，可用降低许用应力或提高许用安全系数的方法进行近似计算，由于本装置特殊的使用场合，同时本装置主要集中在电气自动化控制，机械零件部分不多，同时本装置质量较轻，使用过程中所受的应力不大对零件疲劳强度的要求不高，故设计时没有考虑这个因素，因此，这里就不再详细介绍疲劳强度的计算原则了。

2. 电气自动化控制的设计准则

由于本装置采用 STM32F103 微控制器，该微控制器时钟频率达到 72MHz，是同类产品中性能最高的产品；基本型时钟频率为 36MHz，以 16 位产品的价格得到比 16 位产品大幅提升的性能，是 32 位产品用户的最佳选择。两个系列都内置 32KB 到 128KB 的闪存，不同的是 SRAM 的最大容量和外设接口的组合。时钟频率 72MHz 时，从闪存执行代码，STM32 功耗 36mA，是 32 位市场上功耗最低的产品，相当于 0.5mA/MHz，功能强大，性能稳定。同时因电子元件的制造技术比较成熟，性能和寿命都较好，故无需考虑电气自动化控制部分的性能和稳定性的问题。

3. 无人机驱动电动机选型

四轴飞行器要求能够按照指令完成任务，对定位精度的要求比较高，因此，驱动电动机需要使用航模专用无刷电动机，能够完成飞行控制，电动机选型见表 2-1。

表 2-1　　　　　　　　　　　　　电动机选型参考

无刷电动机型号	额定电压 （V）	额定转速 （r/min）	额定转矩 （N·m）	额定功率 （W）	长度 （mm）	极数
42BL50-230	24	3000	0.1	30	50	8
42BL65-240	24	4000	0.09	30	65	4
42BL70-230	24	3000	0.2	60	70	8
57BL52-212	24	1200	0.18	25	52	4

无刷电动机型号	额定电压 (V)	额定转速 (r/min)	额定转矩 (N·m)	额定功率 (W)	长度 (mm)	极数
57BL52-230	24	3000	0.18	60	52	4
57BL70-316	36	1600	0.40	65	72	4
57BL70-225	24	2500	0.40	100	72	4
57BL70-336	36	3600	0.40	1.45	72	4
57BL90-210	24	1000	0.60	60	92	4
57BL90-316	36	1600	0.60	100	92	4
57BL90-230	24	3000	0.60	180	92	4
60BL80-330	36	3000	0.25	80	80	8

4. 计算电动机力矩的方法

（1）电动机输出的总力矩 M 为

$$M = M_a + M_f + M_t \tag{2-5}$$

$$M_a = \frac{(J_m + J_t) \cdot n}{T} \times 1.02 \times 10^{-2} \tag{2-6}$$

式中　　M_a——电动机启动加速力矩，N·m；

J_m、J_t——电动机自身惯量与负载惯量，kg·cm·s²；

n——电动机所需达到的转速，r/min；

T——电动机升速时间，s。

$$M_f = \frac{u \cdot W \cdot s_1}{2\pi\eta} \times 10^{-2} \tag{2-7}$$

式中　　M_f——轴承摩擦折算至电动机的转矩，N·m；

u——摩擦系数；

η——传递效率。

$$M_t = \frac{P_t \cdot s_2}{2\pi\eta} \times 10^{-2} \tag{2-8}$$

式中　　M_t——车轮与地面的摩擦力折算至电动机力矩，N·m；

P_t——最大摩擦力，N。

电动机在最大转速时，由矩频特性决定的电动机输出力矩要大于 M_f 与 M_t 之和，并留有余量。一般来说，M_f 与 M_t 之和应小于（0.2～0.4）M_{max}。

即 $M_{max} = (2.5～5)(M_f + M_t)$

（2）M＝主动力矩＋无效力矩。

主动力矩：

$$T = J\varepsilon + DW/2 \tag{2-9}$$

无效力矩：

$$T = \mu DW/2 \tag{2-10}$$

所以有

$$M = J\varepsilon + \frac{\mu + 1}{2} DW \tag{2-11}$$

通过计算，我们选用功率为 66.6W，额定电压为 22V，空载转速为 4500r/min，拉力为 670G 的飓风 U3508KV380 电动机。

2.5.2　室内吊舱盘煤方案

煤棚内的导轨和吊舱结构布置如图 2-2 所示，虚线框所围区域即为 1500m×400m 的室内煤场，在室内煤场的棚顶（约 40m），图中粗实线所示的吊舱行走导轨，该导轨之间连接且形成闭环。在导轨上设置盘煤吊舱的四个起始点。每个起始点处安装吊舱和相应的维修站及自动充电装置，且在导轨上隔相同的距离安装有定位磁钢（磁钢为无源，不需额外供电）。

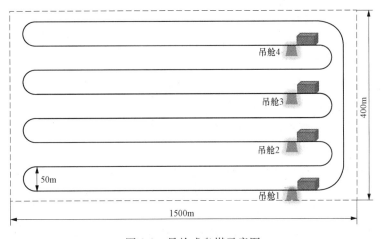

图 2-2　吊舱式盘煤示意图

电气和通信布线要求：要求设置统一的小型控制电源开断的电气柜，该电气柜可以直接控制所有四个吊舱起始点和检修点的电源通断，电源电压 220V。

2.6　控　制　系　统

2.6.1　无人机盘煤

基于室内定位的无人机盘煤系统由室内定位系统、多旋翼无人机系统、数字采集系统和数据处理系统组成。定位模块由基站和 13 个标签组成，数字采集系统由激光雷达扫描仪、STM32 单片机、数据储存系统组成、数据处理通过 MATLAB 软件完成。

无人机飞行器包括四轴飞行器和四轴飞控板，分别如图 2-3 和图 2-4 所示，在四轴飞行器上安装四轴飞控板，四轴飞控板安装主控芯片（DSP28335 芯片）、GPS 定位模块、陀螺仪惯性导航模块、激光测距模块、显示模块和 SD 卡模块，GPS 定位模块用于采集四轴飞行器的经纬度值，陀螺仪惯性导航模块用于采集四周飞行器进行辅助水平定位，GPS 定位模块，以及激光测距模块的输出端分别与主控芯片输入端连接，主控芯片输入端连接有陀螺仪惯性导航模块，用于对四周飞行器进行辅助水平定位，主控芯片输出端分别连接显示模块以及 SD 卡模块,显示模块用于显示主控芯片采集数据后进行测算的结果,SD 卡模块作为存储介质,存储主控芯片采集的辅助水平定位后的经纬度值各个点的三维坐标值数据信息。

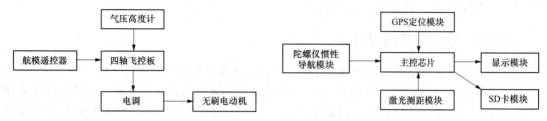

图 2-3 四轴飞行器的连接结构示意图   图 2-4 四轴飞控板中的电路连接框图

四轴飞控板与航模遥控器远程遥感连接,四轴飞控板通过电调连接无刷电动机调节转速。四轴飞控板上安装气压高度计,GPS 定位模块采用差分式 GPS 定位方案,定位精度为 0.5m。

盘煤测量方法是将激光雷达测距仪和定位模块的标签安装在无人机上,通过室内定位模块的基站,对无人机进行定位,并通过电脑上位机对其进行航线规划,无人机搭载激光雷达按照航线对室内煤堆进行打点扫描,将得到的无人机飞行信息和激光雷达扫描所得的信息传输到单片机上进行处理,并储存到 SD 卡上,然后将 SD 卡中的文件导入 MATLAB 端,将煤堆表面有限个轮廓点进行曲线拟合,生成三维图,还原煤堆的形状,并通过编写积分程序来求解煤堆的体积和质量。

工作方式:取相对于煤堆附近某点 O 作为基点,工作人员手持四轴飞行器采集得到基点 O 的经纬度值(X_0,Y_0)点位于煤堆所处地面上。也就是说 O 点的高度认为为 0,如图 2-5 所示。工作人员手持四轴飞行器沿着煤堆与地面交界线移动一周,此过程中四轴飞行器通过 GPS 定位模块实时采集煤堆与地面交界线有限个点($E_1 \cdots E_n$)的经纬度值。在测量过程中 GPS 定位模块测量得到的基点 O 的经纬度值和煤堆与地面交界线有限个点($E_1 \cdots E_n$)的经纬度值实时传输到主控芯片。主控芯片以基点 O 作为坐标原点建立 X-O-Y 水平二维坐标系,并将点 O 的经纬度值转化为特定的坐标 O(X_0,Y_0)。主控芯片根据基点 O 的经纬度值和坐标值将煤堆与地面交界线有限个点($E_1 \cdots E_n$)的经纬度值转化为 X-O-Y 水平二维坐标系中相应的坐标值,并在 X-O-Y 水平二维坐标系将有限个点($E_1 \cdots E_n$)相互连接,从而描绘出煤堆俯视图轮廓,如图 2-6 所示。

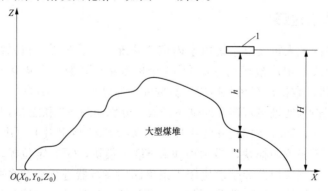

图 2-5 四轴飞行器数据采集原理图

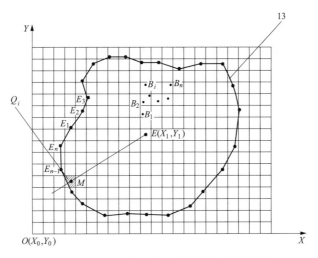

图 2-6　测量描绘出来的煤堆俯视图轮廓图

主控芯片将 $X\text{-}O\text{-}Y$ 水平二维坐标系区域均匀分成多个边长为 $0.5\mathrm{m}$ 的正方形网格，网格将煤堆俯视图轮廓分割为多个微元区域（$Q_1\cdots Q_n$），由于是线性连接，主控芯片可以很方便地计算每个微元区域（$Q_1\cdots Q_n$）的面积（$S_1\cdots S_n$）。

四轴飞控板接收气压高度计反馈的大气压强调整四轴飞行器的飞行高度，实现四轴飞行器在恒定海拔高度 H（恒定海拔高度 H 高于煤堆的最高点）实现定高飞行遍历煤堆上空。

GPS 定位模块采用差分式 GPS 定位方案，陀螺仪惯性导航模块与 GPS 定位模块实现四轴飞行器精确的二维定位。激光测距模块测量煤堆表面到四轴飞行器的垂直距离 h。

GPS 定位模块得到煤堆表面轮廓上有限个点（$P_1\cdots P_n$）的二维坐标并实时传输到主控芯片。激光测距模块测得煤堆表面轮廓上有限个点（$P_1\cdots P_n$）到四轴飞行器的距离 h 并实时传输到主控芯片。

主控芯片根据煤堆表面轮廓上有限个点（$P_1\cdots P_n$）到四轴飞行器的距离 H 和四轴飞行器的飞行高度 h 的 P 点高度 $z = H - h$，结合 GPS 定位模块得到的煤堆表面轮廓上有限个点（$P_1\cdots P_n$）的二维坐标，可得煤堆表面轮廓上有限个点（$P_1\cdots P_n$）的三维坐标。煤堆表面轮廓上有限个点（$P_1\cdots P_n$）的竖直投影点（$B_1\cdots B_n$）落在煤堆俯视图轮廓中的多个微元区域（$Q_1\cdots Q_n$）上。

即可求得微元区域 Q_i 的重心 M，同时求得煤堆俯视图轮的重心 E。

微元区域 Q_i 和煤堆俯视图轮廓都可视为以 $A_i(X_i, Y_i)(i = 1, 2\cdots n)$ 为顶点的任意 N 边形 A_1，$A_2\cdots A_n$（本案例所用到的是三角形、四边形、五边形$\cdots n$ 边形均适用），将它划分成 $N - 2$ 个三角形，如图 2-7 所示。

每个三角形的重心为 $G_i(X_i, Y_i)$。那么多边形的重心坐标 $G(X', Y')$ 为

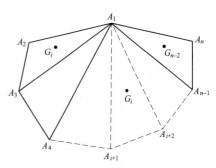

图 2-7　基于图 2-5 分割出的煤堆微元区域

$$X' = \frac{\sum_{i=2}^{n-1}(X_1 + X_i + X_{i+1}) \times \begin{vmatrix} X_1 & Y_1 & 1 \\ X_i & Y_i & 1 \\ X_{i+1} & Y_{i+1} & 1 \end{vmatrix}}{3 \times \sum_{i=2}^{n-1} \begin{vmatrix} X_1 & Y_1 & 1 \\ X_i & Y_i & 1 \\ X_{i+1} & Y_{i+1} & 1 \end{vmatrix}}$$

$$Y' = \frac{\sum_{i=2}^{n-1}(Y_1 + Y_i + Y_{i+1}) \times \begin{vmatrix} X_1 & Y_1 & 1 \\ X_i & Y_i & 1 \\ X_{i+1} & Y_{i+1} & 1 \end{vmatrix}}{3 \times \sum_{i=2}^{n-1} \begin{vmatrix} X_1 & Y_1 & 1 \\ X_i & Y_i & 1 \\ X_{i+1} & Y_{i+1} & 1 \end{vmatrix}}$$

得到微元区域 Q_i 的重心 $M(X_m，Y_m)$，得到煤堆俯视图轮的重心 $E(X_1，Y_1)$ 图 2-8 所示为微元区域 Q_i 对应的煤堆体积图。在每个微元区域 Q_i 中，煤堆表面可以近似看作是有一定坡度的斜面。如图 2-9 所示，直线 ME 就是微元区域 Q_i 对应的煤堆表面梯度的近似方向。从 GPS 定位模块和激光测距模块得到的落在该小区域的煤堆表面轮廓点中任意选取两个点 P_1 和 P_2，取 P_1、P_2 两点的竖直投影点 B_1、B_2，过 B_1、B_2、M 分别作直线 ME 垂线 b_1、b_2、m，求得直线 b_1 和直线 m 的距离 L_1 和直线 b_2 和直线 m 的距离 L_2。

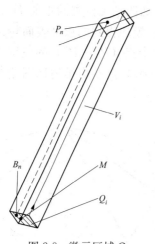

图 2-8　微元区域 Q_i
对应的煤堆体积图

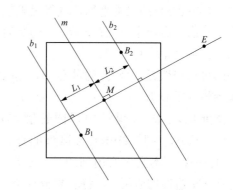

图 2-9　计算煤堆微元区域的
等效高度的计算算法图

$$M \text{点} \ z_m = z_{p2} - \frac{L_1}{L_1 + L_2}(z_{p2} - z_{p1})$$

M 点的高度 z_m 作为微元区域 Q_i 的等效高度 Z_i。

对于没有测量点或只有一个测量点坐标的微元区域 Q_i，取该微元区域 Q_i 左右微元区域的等效高度的平均值作为该微元区域 Q_i 的等效高度 Z_i。微元区域 Q_i 的体积 $V_i = S_i Z_i$，其中 S_i 为微元区域 Q_i 的体积，煤堆体积 $V = V_1 + V_2 + V_3 + \cdots + V_n$。

主控芯片将煤堆体积 V 传输到显示模块并显示出来。上述煤堆表面轮廓上有限个点 $(P_1 \cdots P_n)$ 的三维坐标均通过主控芯片存储于 SD 卡模块中，以备 MATLAB 分析。

四轴飞行器降落后将 SD 卡模块中的煤堆表面轮廓上有限个点 $(P_1 \cdots P_n)$ 的三维坐标将导入 MATLAB，通过 MATLAB 数学工具处理数据拟合出煤堆体积轮廓并计算出煤堆体积。

2.6.2 机器人盘煤

机器人盘煤方案是通过挂载激光雷达的悬挂轮式机械结构的机器人进行盘煤，机器人通过悬挂在干煤棚顶固定的导轨进行移动巡视，如图 2-10 所示。相比无人机盘煤方案优势如下：机器人盘煤工作更加稳定可靠、不需要无人机操作人员、可实现远程无人化控制操作、可挂载更多可见光相机红外相机等其他吊舱；劣势如下：机器人盘煤速度比无人机稍慢，需要在干煤棚顶额外安装悬挂导轨。机器人盘煤方案除机械结构与无人机盘煤外观结构不同以外，都采用激光雷达，两种盘煤方式使用相同的盘煤检测原理，均能实现较高的检测精度。

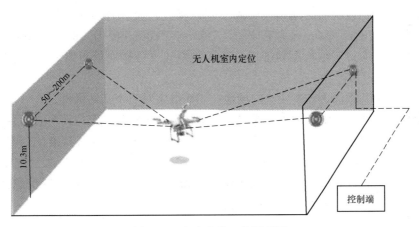

图 2-10　室内定位工作原理图

2.6.3 吊舱盘煤

将激光雷达测距仪、编码器和霍尔传感器模块安装到吊舱上，通过编码器的计数以及霍尔传感器识别磁钢信号后的校准定位来实现吊舱的精确定位。吊舱搭载激光雷达沿磁轨对室内煤堆进行打点扫描，将得到的吊舱位置信息和激光雷达扫描信息通过 WiFi 局域网或者 Zigbee 传输到后台。后台软件将煤堆表面有限个轮廓点进行曲线拟合，生成三维图，还原煤堆的形状，并通过程序来求解煤堆的体积和质量，如图 2-11 所示。

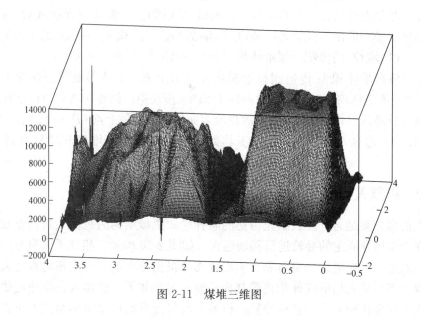

图 2-11　煤堆三维图

2.7　工作验证与评价

已验证室内定位模块的三基站模式和四基站模式，通过分别试验的空间大小为 6m×10m（实验室内）、30m×50m（羽毛球场）、100m×120m（操场）的三个场地，发现三基站模式下定位模块所得定位数据较准确，三基站模式下可靠通信距离为 100m 左右。具体实验步骤如下：

（1）先将三个基站固定在所实验的场地，用充电宝对三个基站供电。

（2）根据试验场地空间的大小，通过上位机将空间坐标载入定位模块的标签。

（3）将标签与电脑连接，手持电脑与标签在实验场地内进行 3m 校准。（将标签移动到距各个基站 3m 处，根据上位机显示的距离信息是否为 3m 进行校准）

（4）校准后，将标签置于试验场地内便可得到标签的位置信息，位置信息为标签所在位置的 X、Y、Z 坐标（三基站模式下 Z 坐标无效）。

所得标签收码如图 2-12 所示。

图 2-12 标签收码

2.8 创新点分析

该项目创新性可归纳为以下几点：

（1）实现装置机电一体化，结构简单实用。盘煤装置是一个复杂的机电一体化系统，它的稳定性和可靠性已经有一套成熟的设计和分析方法可供利用。在满足装置功能要求的同时，尽量简化无人机及上面搭载的各元件结构，达到结构简单实用的要求。

（2）实现无人机盘煤的高度自动化。无人机自主导航飞行盘点，盘点过程中，无须人为干预，高度自动化，大大减少了旧式盘煤方式所消耗的人力和物力。

（3）实现盘煤技术的快速测量。无人机飞行速度较快，在遍历煤堆的时候，测量精度较高，微机及相应的传感器具有足够快的反应速度，在较短时间内完成较大面积区域的盘点，可在遍历的过程中得到足量的数据点。

（4）保证盘煤数据的准确：装置航拍精度高，可有效延长飞行时间拍摄料，完全拍摄出料场的环境，无盲区盘点，能够满足对煤堆体积的准确测量，完全摆脱了因人为因素而造成的盘点数据不准确。

第 3 章

风机塔筒清洁机器人

3.1 项 目 目 标

本项目针对该领域的现实需求，设计一款履带式磁吸附风机塔筒攀爬机器人，采用理论分析攀爬机器人的运动特性，以此为基础建立设计指标。并通过仿真优化提高塔筒攀爬机器人的多方面性能，最终完成机器人试验样机的研制，并对机器人的基本性能进行了初步测试。项目最终目标是研制一台能够真正运用于实际风力发电场，用于塔筒的维护工作，提高巡检效率。

国内风机塔筒检测机器人的研究处于起步状态，目前存在的问题是机器人不能清洗曲面，对油污等的清洗效果差，且用水量大，不能适应边远地区缺水环境。该项目设计了两种风机塔筒清洁机器人方案，设计初期，采用悬挂式方案进行研究制作，之后对方案改进，制作了吸附式风机塔筒机器人。

3.2 项 目 简 介

风机塔筒清洗机器人集减速电动机、传感器、水泵、摄像头、可升降结构、控制系统等多功能模块于一身。不仅能代替人工清洗风机塔筒，还能实时选择合适的清洗力度（水泵和电动机）、控制芯片数据通信同步、机器工作状态监视和故障诊断及分析、过流、过压保护功能、通信中断保护、移动与偏航、时频波形分析及运行状态数据。全方位解决风机塔筒清洗中遇见的各种问题。方案一采用悬挂式，如图 3-1 所示。将塔筒壁看作一大平面，对油污区域进行重点清洗。

图 3-1　悬挂式三维模型图

方案二如图 3-2 所示，由车身主体部分、清洗装置、两侧对称的移动系统、动力系统、吸附单元、内部控制装置构成。电气设备与电动机等动力系统部件布置在车身主体部分内，移动系统由支撑架、同步带、同步轮等组成，清洗装置作为外挂部件装在车身的前端，主要由喷淋设施和毛刷组成，完成对风机塔筒的清洗作业。吸附单元均匀的布置在移动系统中同步带的最外侧，与壁面直接接触。

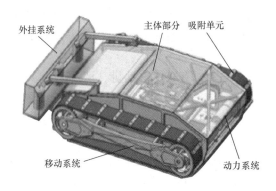

图 3-2　吸附式三维模型图

3.3　总　体　设　计

悬挂式风机塔筒清洗方案通过在风力发电动机塔筒的工作台安装卷扬机，配合钢索，引导清洗机器人上下运动在风力发电动机塔筒的工作台和塔基安装圆形导轨配合电动机实现以塔筒为中心的 360°运动。机器人主要由提升模块、吸附模块、清洁模块、通信模块 3 大部分组成。

（1）提升模块，采用卷扬机机器人上的吊钩实现提升。

（2）吸附模块，因塔筒壁为钢制材料，故可采用强力磁铁将机器人吸附在塔筒壁上保证机器人工作位的稳定以及安全。

（3）清洗模块，清洗毛刷采用减速电动机直接带动，水泵喷洒清洗液。该模块固定于地盘，有减速电动机、小型水泵、毛刷等组成。

（4）其他功能实现，无线部分采用通用的 2.4GHz 通信模块，主控芯片采用 ATMEL 公司的 AT89S51，控制机器人动作。

对风力塔筒攀爬机器人应用环境与现有条件，分析后，我们设计了第二种吸附式机器人方案，选用了较为稳妥的履带永磁吸附式。方案二的提升模块及清洗模块与方案一相同，在机器人的硬件控制部分，其执行机构主要由直流电流和舵机来驱动。

两种方案都在清洗机器人的下部安装集水槽，收集清洗塔筒后的污水，避免对下方塔筒表面进行二次污染，减少机器人清洗的工作量，进而减少能源消耗，同时收集的污水进行简单处理后可。以再次用于清洗，提高了水资源的利用率，特别适合水资源不充足和水资源运输不便利的地区。

提升部分通过在风力发电机塔筒的工作台安装卷扬机，配合钢索，引导清洗机器人上下运动。清洗部分方案一采用减速电动机直接驱动清洗毛刷实现清洗功能，且根据塔筒实际油污位置，调整该机器人清洗位置，提高清洁效率，小型水泵通过喷头喷洒清洗液，去除油污。擦洗方式按照从上到下的顺序单向擦洗，每擦洗完一个扇区的纵向塔面，机舱会偏航带动机器人做圆周运动转过一个角度，继续上、下擦洗塔筒。在机器人机舱底盘中安装的磁铁为强力磁铁，能增加机器人的吸附能力，擦洗过程中，在磁铁的作用下始终保持机器人的清洗装置紧贴塔筒壁，且机器人可以做上、下及圆周运动。

废水回收部分清洁结构中废水回收再利用装置,可节约水资源,减少了机器工作时自身所需携带水重,对污物集中处理,提高了机器工作效率,解决了部分工作场合缺水对机器工作带来限制的问题。

清洗结构安装于底盘支架之上,有减速电动机、清洗毛刷、水泵、喷头、万向轮组成。为实现清洗区域能实现无死角清洗,考虑在机器人上布置五块圆盘式清洗毛刷,底盘四个角上各布置一块,中心处布置一块。减速电动机和水泵固定于地盘支架,清洗毛刷直接与电动机旋转轴固结。采用万向轮减小摩擦,使该机器人在卷扬机作用下能实现沿塔筒壁360°清洗,且有助于保护塔筒壁防止对筒壁的划伤。

方案二吸附式机器人的总体结构由SOLIDWORKS建模并渲染。机器人由车身主体部分、清洗装置、两侧对称的移动系统、动力系统、吸附单元、内部控制装置共六大部分构成。电气设备与电动机等动力系统部件布置在车身主体部分内,移动系统由支撑架、同步带、同步轮等组成,清洗装置作为外挂部件装在车身的前端,主要由喷淋设施和毛刷组成,完成对风机塔筒的清洗作业。吸附单元均匀地布置在移动系统中同步带的最外侧,与壁面直接接触。

1. 车身设计

由于机器人要承载前端的清洗装置、两侧的移动装置,以及车身内部的控制系统、电气元器件及动力系统等多个部件,所以对机器人的车身设计有比较高的要求,不仅要有足够的强度和刚性,还要有良好的运行稳定性,才能避免机器人在攀爬过程中坠落下来。选择笼式框架结构的车身模型,车身内部设有加强筋来提高车身的强度和刚性,如图3-3所示。

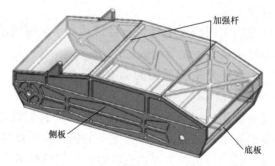

图3-3 机器人车身框架

2. 动力系统设计

攀爬机器人动力系统采用双电动机轮边驱动方式,其动力传动路线如图3-4所示,电动机动力经由行星减速箱、轮边减速箱、同步带轮传至同步带。机器人主要在塔筒外壁行走,对驱动力矩与稳定性要求高,故驱动电动机的选型与减速箱的设计为重点。

3. 轮边减速箱设计

因爬壁机器人对输出力矩要求较高,需要再加一级减速,机器人主体车身内部空间有限,为缩短传动轴向尺寸所以结合侧壁将此减速箱结构设计为一种轮边减速箱,安装位置如图3-5所示,内含两齿轮分别为1模20齿、1模30齿。齿轮轴采用薄壁轴承支撑,减速比为2:3,减速箱外壳尺寸如图3-6所示。

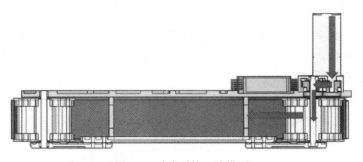

图 3-4　动力系统三维模型

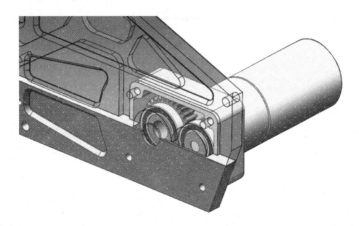

图 3-5　减速箱安装位置

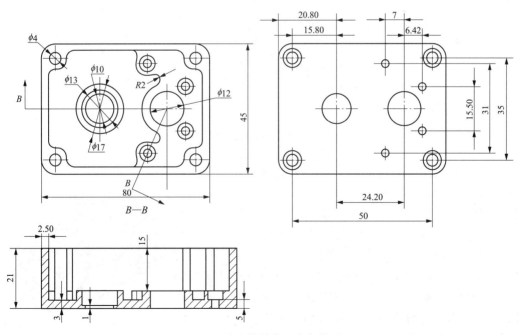

图 3-6　减速箱外壳尺寸参数图

4. 移动系统设计

攀爬机器人的行走机构三维装配模型如图 3-7 所示，采用同步轮与同步带的组合，相比履带与链轮的组合，同步带的方案质量上有很大的优势。而关键点在于同步轮设计，既要保证啮合度也要保证自身强度。

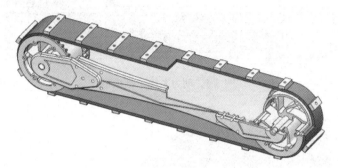

图 3-7　攀爬机器人行走机构

结合计算分析选择 HTD 8M 型同步带，同步带带宽 50mm，节距 8mm，带长 960mm。从 GearTrax 库中生成 HTD 8M 型同步带所对应的同步轮牙型其参数如图 3-8 所示，齿数为 32 齿。以牙轮为基础设计轮芯与档环，设计装配实物如图 3-9 所示。

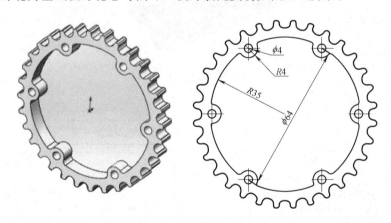

图 3-8　牙轮三维模型及其参数

攀爬机器人主体如图 3-10 所示。机器人主体部分由两侧板、底板、顶板与加强杆构成的机架，以及电动机、减速箱、电源、电控系统等组成，前端有清洗装置作为外挂部件。底板、侧板和加强杆通过螺栓连接构成了稳固的机架，因为机器人重心越低抗倾覆能力越强，所以较重的电源布置在底层加强筋内，同理，电动机布置在后侧相比较布置在前侧能减少倾覆力矩，所以驱动方式为后轮驱动考虑到轻量化设计，直接将二级减速箱设计为轮边减速与侧板成为一体。较轻的电气零部件布置在中上层，传感器主要布置在前侧，为了减少信号传输距离、提高抗干扰能力，将信号处理中心

图 3-9　同步轮装配体实物

布置于机器人主体前部。车身的控制部分与信号传输中心布置在中部。因为电动机驱动发热量较大，所以单独布置在电动机旁并与侧板壁面接触以提高散热能力。

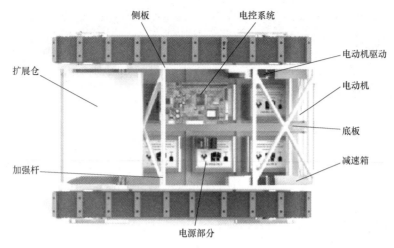

图 3-10　攀爬机器人主体布局

5. 机器人控制部分

（1）实时选择合适的清洗力度（水泵和电动机）根据塔筒表面的油污泄漏程度，选择合适的清洗力度和电磁阀的开通时间来控制机器人。通过设置系统清洗电动机的 PWM 占空比，实时调节电动机旋转力度，提高工作效率。设置图 3-11 中的更改限值选项卡的数字，可实现洗刷头转速与清洁力度的平滑调节。

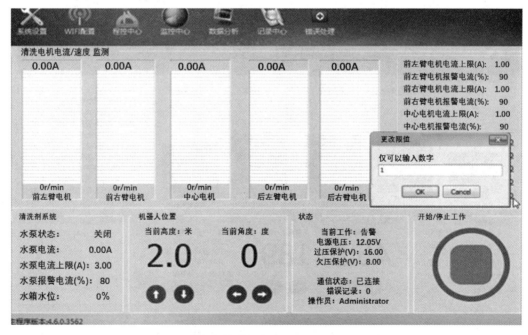

图 3-11　洗刷头转速与清洁力度的平滑调节示意图

（2）控制芯片数据通信同步。在计算机安装系统配套软件，利用电脑的 WiFi 实现控制端和终端的数据实时通信，实时监测机器人工作状态，如图 3-12 所示。

图 3-12　无线连接示意图

（3）机器工作状态监视和故障诊断及分析。配套控制软件中设置有机器人工作状态监视模块，如图 3-13 所示。清洗剂系统状态选项包括：水泵状态（开启/关闭）、水泵电流、水泵电流上限，水泵报警电流、水箱水位等。机器人位置中包括：当前高度（上下可调）、当前角度（左右可调）、设置有过流保护、欠压保护阈值、通信中断保护等参数项。

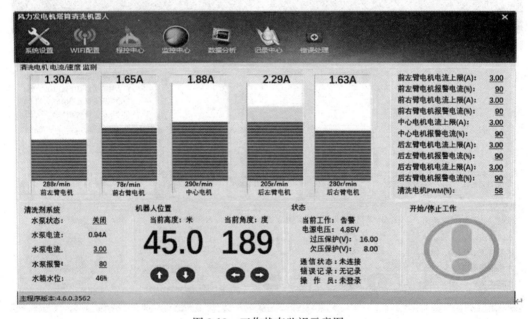

图 3-13　工作状态监视示意图

（4）过流、过压保护功能。机器在工作过程中，洗刷头旋转电动机上的电流超过设定的阈值时，将会启动过流保护功能，实现机器人的自保护，从而保护机器人免受损坏。当机器人各部件，如电动机、水泵、电磁阀等出现内部过电压时，将启动过压保护，实现机器人的自保护，保障机器人的安全可靠。过流保护与过压保护主要有配套控制软件来检测并发送指令控制机器人。

（5）通信中断保护。清洁机器人主要是高空作业，用来擦洗风力发电动机塔筒，机器人的可靠工作必须是以主控制台与各执行机构的有机结合，为了保障机器人能在 76m 多的高空实现与地面控制端的良好通信，在本系统中采用一般计算机携带的 WiFi 功能外加 NRF24LO1 无线通信模块，保障机器人与控制端的远距离通信。

机器人实际工作环境主要是风电场中风力发电动机塔筒，由于风电场各个风机工作以及塔筒内部控制室，塔筒顶端风力发电动机等的电磁干扰，会为实现可靠的通信带来一定的隐患，为此清洁机器人系统中采用了两种处理手段，分别如下：

1）电磁屏蔽。对各控制芯片周围的电缆线、辅助偏航机构中的卷扬机电源线等实施屏蔽，通过接地实现屏蔽，减少对无线通信的影响。

2）通信中断保护。单独靠屏蔽无法保障 100% 的通信可靠，为此在屏蔽的基础上采取了通信中断保护。当控制端发送的数据包无法到达执行机构时，系统认为通信出现故障，启动通信中断保护程序，使机器人停止工作。当通信恢复后可实现自启动，实现高效率的工作。

6. 吸附式机器人控制部分

由于管道形状并非都是竖直的，有些是交叉状，机器人在运动过程中可能需要进行翻转或旋转等动作。根据以上要求，对于机器人的硬件控制部分，执行机构主要由直流电动机和舵机来驱动。主控制器模块是信息处理的中心，主要实现指令的处理如传感器信号，通过对信号的处理产生控制信号如舵机控制信号和直流电动机 PWM 控制信号。对于 PWM 信号通过调节信号的占空比来调节电动机的速度。主控芯片可以采用 AT89S51 型芯片，通过编程 PWM（脉冲宽度调制）控制清洗电动机，调节清洁头的转速；通过控制电磁阀控制喷水口的开合。机器人采用的无线通信模块工作在 2.4GHz 的公共使用频段，该频段传输速率快、可靠性高、功耗低。人机控制的实现是既可以通过电脑发送命令到机器人，也可以是操作界面按钮发送命令，实现相关动作，如图 3-14 所示。

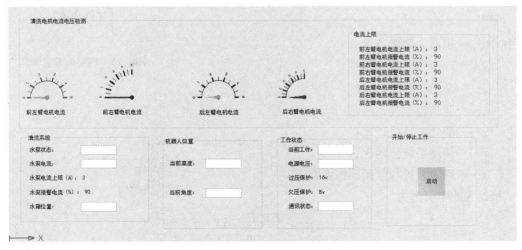

图 3-14　工作状态监视示意图

7. 机器人工作模式分析

风机塔筒清洗模式有清洗、监测、废水回收三种工作状态，具体如下：

（1）清洗。将风机塔筒壁看成一大平面，因风机塔筒壁并不是所有地方都有油污，故清洗机器人只需在油污集中的地方进行集中作业，采用强力磁铁使机器人吸附在塔筒壁，全向轮起支撑和行走作用。清洗时，电动机带动盘式毛刷旋转，同时水泵开始喷洒清洗液，通过卷扬机带动机器人上下移动，实现清洗功能。

（2）监测。通过工作在 2.4GHz 的公共使用频段的 Zigbee 无线通信模块将摄像头采集到的风机塔筒表面清洁状况实时传回地面计算机。利用本系统配套的计算端软件，通过 WiFi 网络通信，就可以实时监测机器人的工作情况。根据塔筒表面的油污泄漏程度，选择合适的清洗参数来实时调节机器人的清洗效果，提高工作效率。

（3）废水回收。大型的风电场一般地处偏远地区，缺水现象比较严重，所以机器人应具备节水功能。废水回收再利用装置中污水处理采用两层结构，提高了污水处理能力，经系统过滤后由水箱为整个系统供水。清洁液通过水泵抽到清洁机构的喷水口，经过喷水环向物体外壁喷射清洁液，在硬毛刷的旋转擦洗中清洁物体外壁，在刮水板的作用下，污水大部分通过排污口进入排污管，经过处理后重新利用。水箱为封闭式，随着水泵工作污水箱内形成负压，可促进污水回收。为防止压差过大，增设了补水箱，通过压力传感器感应水压，动作电磁开关控制补水箱工作。

8. 吸附式机器人可行性分析

（1）垂直攀爬与转向受力分析。图 3-15 所示为机器人垂直攀爬时的运动示意图。塔筒壁面垂直度接近 90° 所以按垂直于地面攀爬考虑。该运动不同于典型的两平行履带车辆直线行进运动方式，重力方向在铅垂面内旋转 90°，并且履带与壁面接触部分附加吸附力。

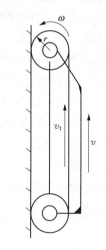

图 3-15 机器人垂直攀爬

假定机器人吸附力均布在整条同步带上，且同步带与带轮啮合不存在滑移，则

$$v = v_t \cdot (1-\sigma) = \omega r \cdot (1-\sigma) = 0.377 \frac{n}{i} r \cdot (1-\sigma)$$

（3-1）

式中 v——机器人攀爬速度；

v_t——同步带卷绕线速度；

ω——驱动轮旋转角速度；

r——驱动轮半径；

n——驱动电动机转速；

i——传动系统传动比；

σ——吸附装置与壁面摩擦系数。

机器人的牵引力为

$$F_t = \frac{9550 P_e i_T \eta_T}{nr}$$

（3-2）

式中 P_e——驱动电动机功率；

i_T——传动系统总传动比；

r——同步带驱动轮半径；

η_T——同步带的行驶效率，由于攀爬机器人行驶速度不高，一般小于 38km/h，则根据经验公式，可得

$$\eta_T = 1.07 - 0.000\,075v^2 \tag{3-3}$$

式（3-2）可用于带轮尺寸的确定，通过式（3-3）可知攀爬机器人效率随行进速度的增加而下降。

在分析机器人转弯的过程中，首先假定机器人的质心与机器人的几何中心在水平投影面上重合，则可将机器人转向运动转化为刚体的平面运动。攀爬机器人在塔筒上的转向运动示意图如图 3-16 所示。

图 3-16 中 L 为同步带接触壁面长度，b 为同步带宽度，C 为机器人中心，c_1、c_2 分别为内、外侧同步带接触壁面的对称中心，B 为两条同步带中心距，O 为攀爬机器人的瞬时转向中心，R 为瞬时转向半径，v_1、v_2 为两侧同步带中心转向线速度。则机器人中心转向时的线速度 v_c 可以表示为

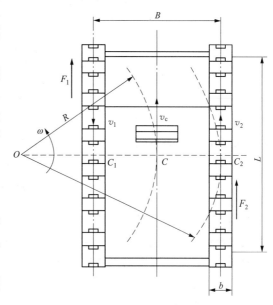

图 3-16　机器人转向示意图

$$\frac{v_2}{B/2 + R} = \frac{v_c}{R} \tag{3-4}$$

即

$$v_c = \frac{v_1 + v_2}{2} = \frac{v_2 R}{B/2 + R} \tag{3-5}$$

可得

$$R = \frac{v_1 + v_2}{v_2 - v_1} B/2 \tag{3-6}$$

则

$$\omega = \frac{v_2 - v_1}{B} \tag{3-7}$$

在风力发电动机塔筒攀爬机器人实际转向过程中，吸附装置与壁面之间必然存在滑移、滑转现象，进而引入内外同步带的滑转系数 f_1、f_2，即

$$\begin{cases} f_1 = \dfrac{v_1 - v_{out1}}{v_{out1}} \\ f_2 = \dfrac{v_{out2} - v_2}{v_{out2}} \end{cases} \tag{3-8}$$

式中　v_{out1}——机器人内侧同步带卷绕线速度；

　　　　v_{out2}——机器人外侧同步带卷绕线速度。

则实际转向半径和角速度为

$$\begin{cases} \omega = \dfrac{v_2(1-f_2)-v_1(1+f_1)}{B} \\ R = \dfrac{v_1(1+f_1)+v_2(1-f_2)}{v_2(1-f_2)-v_1(1+f_1)}B/2 \end{cases} \tag{3-9}$$

式中 v_1、v_2 可由式（3-7）求出。

进一步计算内外侧同步带所需的转向阻力矩 M_1、M_2 和两侧牵引力 F_1、F_2 为

$$M_1 = M_2 = 2\int_0^{L/2} yu\frac{F_x}{2l}\mathrm{d}y = \frac{uLF_x}{8} \tag{3-10}$$

$$\begin{cases} F_1 = \dfrac{fF_x}{2} - \dfrac{uLF_x}{4B} \\ F_2 = \dfrac{fF_x}{2} + \dfrac{uLF_x}{4B} \end{cases} \tag{3-11}$$

式中，μ 为转向阻力系数，根据经验公式：

$$\mu = \frac{\mu_{max}}{0.925 + 0.15\dfrac{R}{B}} \tag{3-12}$$

式中 μ_{max} 为行走装置原地转向时的最大转向阻力系数。由式（3-11）、式（3-12）可知，只要已知壁面环境的 μ_{max} 和 f、吸附力 F_x 就可以求得所需的牵引力 F_1、F_2。

根据式（3-10）可知，当机器人转弯时，同步带的受力会随着与壁面接触长度 L 的增加而增长，所以为避免同步带单侧受力过大，应使得 L 尽量减小，同时防止一侧电动机负载过大。以上分析可作为攀爬机器人设计的重要参考。

（2）稳定性分析。风机塔筒攀爬机器人的主要运动方式为沿塔筒外壁向上攀爬，塔筒外壁可近似看作竖直壁面，所以需要保证机器人在塔筒外壁吸附的可靠性，通过研究机器人在重力作用下的各种失稳形式，而研究吸附单元的设计与电动机参数等特性。

风力发电动机塔筒攀爬机器人正常爬壁的必要条件有：

1）爬壁机器人在垂直攀爬的全程要保证足够的吸附力。

2）爬壁机器人的动力储备要充足，能够保证机器人平稳上升。

对攀爬机器人进行受力分析，可将其简化为如图 3-17 所示的模型。攀爬机器人重心与壁面距离 G_x，将攀爬机器人与塔筒的吸附力与摩擦力向其接触模块的形心简化。模型参数质量 m、吸附模块与塔壁之间摩擦系数为 μ，重力加速度 g 取 10N/kg，单个吸附单元的吸附力为 X_i，吸附单元已接触壁面个数为 n。

攀爬机器人从塔筒上失稳有两种情况：

1）攀爬机器人从塔筒外壁上滑下。此情况可以利用减速电动机的自锁特性，即使出现电动机突然失去动力也不会造成车轮倒转，造成意外。所以此时下滑的可能是吸附装置与壁面产生的摩擦阻力 F_S 小于重力 G，为了避免机器人下滑所以有

$$F_S = \mu n X_i > G = mg \tag{3-13}$$

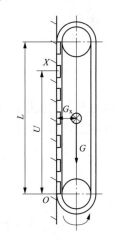

图 3-17　机器人垂直攀爬受力图

2) 攀爬机器人以点 O 为旋转中心发生倾覆，从壁面翻滚下来。此情况下 L_i 为吸附单元与旋转中心的距离，$X_1 = X_i = X_n$ 所以对 O 点取力矩使其平衡，即

$$\sum M_o = \frac{mgG_x}{2} - \sum_1^n X_i L_i = 0 \tag{3-14}$$

攀爬机器人需要同时满足式（3-13）与式（3-14）所设条件。现假设模型参数质量 m 为 7.635kg，查得磁铁与塔筒之间摩擦系数 μ 为 0.36，重力加速度 g 取 10N/kg，单片磁铁的吸附力 X_i 为 20N，安全系数取 1.2。

代入式（3-13）与式（3-14）可得

$$n \geqslant 15$$

所以理论上需要布置 15 个以上吸附单元。

3.4　创新点分析

（1）在攀爬过程中对塔筒表面进行全方位的清洗，覆盖面积全。通过探伤技术进行精确定位，利用蓝牙和 WiFi 技术将数据传至计算机端，便于检修。

（2）实现机电一体化，效率高，成本低，效果好。目前风电正逐渐成为新能源的重要组成部分之一，风能储备充沛，但其利用率较低的问题急需解决，其中一个主要的原因是风电动机组运行过程中设备损伤情况出现较多，所以检修期较长，因此，自动检测及清洗机器人可以应用于各种机组容量的风力发电厂，应用范围很广。

（3）检测系统能实时检测并反馈至地面塔筒壁清洁和损伤状况，并根据塔筒壁油污状况选择合适清洁力度，本项目清洗机器人可将工作状态等信息通过无线模块实时发送到使用者的控制终端，使用者可以参考这些信息在控制终端上编写清洗方案和实时监控和控制机器人的工作状态，具有清洗自动化和无线遥控特点。

（4）代替人工高空工作，降低劳动强度，提高清洁效率，能够在风电场大面积推广。机器人灵活性较好，稍加改造，便可用于其他场所的清洁与其他用途。

第4章

具有三维重建功能的电缆隧道机器人

4.1 项 目 目 标

（1）通过分析隧道内部巡检机器人的研究现况，结合隧道内部光线、路况、信号传输等工况，确定该机器人的总体设计方案。参考借鉴国内外优秀的巡检机器人结构特点，进行机器人的机械结构设计。

（2）针对机器人结构和隧道环境特点，基于模块化设计思想，设计其控制系统。

（3）基于张正友标定方法，使用 MATLAB 双目标定工具箱，完成双目摄像机的标定；基于 SGBM 匹配方法，使用 OpenCV 计算机视觉算法库，完成双目图像的匹配。

（4）完成机器人的研制后，在实验室搭建测试环境，进行机器人性能指标的实验验证。

4.2 国内外研究状况

国外的隧道巡检机器人多采用特殊的移动机构，结合多种传感器综合探测，实现隧道环境的实时监护。巡视者管道巡检机器人如图 4-1 所示，该机器人主要由前后两模块组成，前模块主要配置控制以及驱动设备，用于控制机器人行走；后模块主要配置传感器等设备。在行走的过程中，后模块搭载的传感器实时反馈电缆检测的工况，实现管道检测的功能。机器人的行进轮贴合于管道表面，通过控制系统控制其在管道上运动。前后两模块有一定的自由度，增强对弯道的适应能力，两侧的滚轮用于保持机身平衡。机器人能够

图 4-1　巡视者管道巡检机器人

自主完成巡检工作 1h 左右，行走方式较特殊，虽然只能应用于单根轨道，但结构有很大的创新性，具有很大的借鉴价值。

德国柏林应用于电缆隧道巡检的固定导轨式巡检车，如图 4-2 所示。该巡检车整车质量在 2t 以上，可供一人驾驶，也可自动完成巡检任务。用于定向巡检的导轨安装于隧道内拱顶最高点，动力来源于可充电式电池供电，单次充电可满足隧道内全程巡视工作量。隧道内全称覆盖无线信号，巡检车可在任意处完成无线通信。巡检车内安装有烟雾、温度、油气含量检测、探照灯、摄像头等检测设备及自动灭火装置。在巡检工作时，巡检车将各

种检测数据通过无线信号传输回控制室，一旦监控人员发现隧道内有火灾等异常事故，可立即控制巡视车完成应急灭火等措施。

国内针对电缆隧道检测的机器人应用研究虽然起步较晚，但随着电缆隧道内部环境的改善，结合多种传感检测手段的巡检机器人的研究取得很大进展。2009 年，上海交通大学开发了一款履带式巡检机器人如图 4-3 所示。在结构方面，该机器人采用可收缩式前臂和铝制底盘的机械结构，结构紧凑、自重轻，满足了竖直井口下放的需求。机器人前臂采用可变形履带式设计，通过下压前臂用以辅助越障；通过调整前臂与地面水平，增加履带与地面的接触面积，使机器人可以更平稳地越过壕沟。车体两侧分别布置超声传感器，用以探测与侧面物体距离，避免发生碰撞。车体上层部分布置了多种传感器，例如，气体传感器、红外摄像机和通信传输设备，用来实时采集、传输电缆隧道内部环境，工作人员依据反馈的数据信息，控制机器人执行下一步的动作。目前，该机器人已在部分隧道内投入了巡检工作。

图 4-2 德国柏林隧道巡检车

图 4-3 上海交通大学设计的隧道巡检机器人

内蒙古工业大学开发的一款履带式巡检机器人，如图 4-4 所示。针对隧道内部环境湿度大特点，该机器人采用密封设计，将驱动设备、控制设备布置在车体之中，密封等级达到 IP67，可长时间在湿度较大的环境中作业。采用履带式移动机构设计，在车体两侧安装有自由摆动的辅助越障装置，可翻越高于车体三倍的障碍物。车体上部安装有红外成像摄像机，在两轴云台的辅助运动下，可在一定角度完成红外检测任务。机器人的通信模块可实时将隧道内部信息，传输回地面控制站，工作人员可通过上位机界面，实时监控隧道内部环境。该机器人结构设计新颖，采用密封设计，适用于隧道内部巡检。

2012 年，国网杭州电力公司开发的一款巡检机器人，如图 4-5 所示。该机器人采用四轮驱动的底盘结构，底盘上安装有悬挂装置，可有效缓解震动的影响。底盘前部的两个驱动轮采用橡胶轮，后部的两个驱动轮采用瑞典轮。由于瑞典轮上安装有能横向滚动的辊子，因此在转弯时，瑞典轮可有效减少横向摩擦力。轮式移动机构相较于履带式移动机构具有移动效率高、能耗低等优势。该机器人搭载了烟雾传感器、气体传感器、摄像机、激光扫描仪、灭火装置等设备。一旦烟雾及气体传感器探测到隧道内部的火灾危险，灭火装置就可及时对危险源实施灭火；激光扫描仪与摄像机可实时对隧道内部路面环境进行重建，机器人基于三维重建数据可实现自主巡航；数据传输模块可在隧道内部任意位置与地面控制端建立通信，及时反馈隧道内部工况；机器人前后部位分别安装有限位开关，一旦车身接触到障碍物，可及时将信息反馈给地面控制端，工作人员据此判断障碍物信息，完成避障操作；该机器人携带多种传感设备，可满足多种巡检需求，但由于整体较重，导致机动性不足。

图 4-4　内蒙古大学设计的隧道巡检机器人

图 4-5　国网杭州电力公司设计的隧道巡检机器人

南方电网公司开发的一款导轨式隧道机器人采用导轨式移动机构，导轨安装于隧道内部拱顶的中央部位，在底部搭载一台摄像机，可实时将隧道内部的环境信息，传输回地面站。

巡检机器人按照移动机构可分为轮式、履带式、固定导轨式三种类型。按照通信形式分为拖线式和无线传输式。本章介绍的巡检机器人是在借鉴国内外成熟移动机构的基础上，针对特定隧道环境，设计的一款操作方便、通信良好、控制简单、稳定可靠的隧道巡检机器人。

4.3　项　目　介　绍

电缆隧道是城市供电网络中极其重要的公共设施。在电缆隧道的后期维护中，目前主要以人工巡检方式为主。巡检人员需要定期对电缆破损及隧道内部渗漏、火灾隐患等情况进行巡检。电缆隧道具有距离长、空间狭小、地形复杂等特点，隧道部分区域存在积水渗水等隐患；电缆种类多、电压高以及隧道内部温度湿度较高，使电缆时常因腐蚀或小动物噬咬而造成破损及火灾隐患。鉴于隧道内部复杂的环境，人工巡检方式条件艰苦、劳动强度大、效率低。因此，实现电缆隧道内部巡检的自动化，对于提高电缆隧道后期的维护管理水平是非常必要的。

目前在建的电缆隧道大多采用数字化设计，通过采集隧道在勘察、设计、施工、维护等各个阶段的数据信息，并在此基础上建立隧道内部的三维可视化模型，达到数据的可视化管理，为隧道的维护期提供数字化档案，实现数据的高效利用和整个工程的数字化。针对早期的电缆隧道（特别是中小型隧道），一方面由于多种原因存在工程图纸难以寻找甚至丢失的风险，另一方面由于保留的图纸信息相对简单等原因，致使人们仅能大致了解隧道的主要结构形状和尺寸，对隧道后期的维护管理，带来诸多不便。

该机器人有以下优点：

（1）机器人代替人工作业方式，提高了工作效率，保障了工人安全。

（2）机器人具有巡检电缆破损及隧道内部渗漏、火灾隐患等功能。

（3）机器人可重建出隧道的三维模型，提高电缆隧道的数字化管理水平，便于后期维护及技术改造。

4.4　工　作　原　理

操作人员将机器人上电之后，建立地面控制端与机器人（移动控制端）的通信，随后将机器人经由竖井口，下放到隧道内部。操作人员控制双目摄像机（用于视觉导航及获取双目图像）开启，使其工作在摄像模式并拍摄前方的路况信息。双目摄像机获取的图像数据，经由无线信号实时传输回地面控制端。操作人员获得隧道前方的路况信息，并控制机器人完成基本的行进及避障动作。依据图像信息，操作人员可实时检查电缆破损及隧道内部渗漏、火灾隐患等情况，完成巡检功能。针对隧道内部特定部位的环境，控制双目摄像机拍摄双目图像，基于三维重建算法，完成该部位的三维重建。

4.5　结构设计与加工

4.5.1　设计要求

针对隧道内部环境，并借鉴国内外巡检机器人的结构特点，本课题对机器人的整体结构设计，提出了以下几点要求：

（1）整体尺寸，在水泥路面上自如行走，要求单方向最大尺寸，应不超过 500mm。

（2）驱动能力，要求机器人具有较强的输出动力，能在 20°以上的斜坡上稳定行走。

（3）工作时间，达到 1h 以上的续航时长。

（4）控制距离，远程无线遥控距离能达到 1000m 以上。

（5）行进速度，最大速度可达到 30m/min。

（6）重建范围，重建范围 5m 以内。

4.5.2　总体结构设计

机器人分为固定导轨式、履带式、轮式三种类型。固定导轨式机器人将导轨安装于隧道顶部，机器人在导轨上行走，以完成巡检功能。该机器人对隧道环境适应能力最强，但前期导轨的铺设成本过高；履带式机器人对路面适应能力较强，但结构复杂、能耗较大；轮式移动机器人对路面适应能力不如前两者，但其自重轻、结构简单、运行效率高。结合湘湖 220kV 电缆管廊隧道坡度平缓、水泥路面等环境特点，最终决定采用轮式机器人结构方案。

机器人的总体机械结构由 SOLIDWORKS 建模并渲染，其三维模型如图 4-6 所示。机器人由主体车身、移动系统、升降系统、控制系统、视觉单元共五大部分构成。移动系统对称布置在主体车身外侧，采用四轮驱动的方式，驱动机器人移动。升降系统采用丝杠滑块机构，通过减速电动机带动丝杠转动，进而驱动滑块在丝杠上移动，再经由连杆机构传动，最后将减速电动机的转动转化为升降运动。扩展舱头部放置云台和双目摄像机，尾部放置单片机等控制器件。主体车身支撑整个机器人的重量，连接移动系统与升降系统。车身内部承载多种电气元件，包括两对减速电动机、两对电动机驱动，电源等设备。视觉单元获取隧道内部不同角度的双目图像，包括双目摄像机、两轴云台、LED 灯等设备。双目图像用于隧道内部模型重建。综合电动机能耗和操作的灵活性，该机器人采用了差速移动的工作模式，四轮机构完成越障与自转功能，双目摄像机获取前方路况信息，完成隧道内部重建。

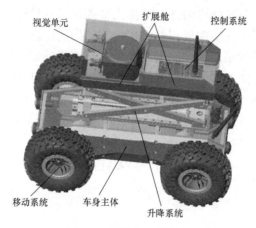

图 4-6　机器人三维模型

4.5.3　移动系统

移动系统是机器人的行进机构。该系统采用四轮驱动式布局，两对减速电动机对称布置在车身两侧。移动系统包括减速电动机、侧板、真空轮胎、轮毂等部件。减速电动机通过联轴器与轮毂连接。两侧的电动机同速转动，可实现机器人前进、后退功能；两侧的电动机差速转动，可实现任意角度转向功能。四轮驱动方式可实现原地转向，增加了狭小空间的通过性能。相较于履带式驱动，该方式结构简单，灵活性和运行效率更高。单侧移动机构三维模型如图 4-7 所示。

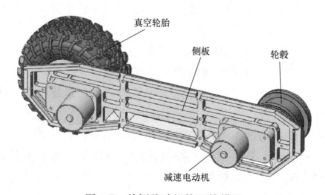

图 4-7　单侧移动机构三维模型

4.5.4　减速电动机选型

减速电动机选型以电动机需要的输出功率与驱动力矩为准。因此，将机器人在 20°斜坡上以 30m/min 匀速向上爬升的极限工况，作为电动机的选型依据。

机器人爬坡时受力如图 4-8 所示，以机器人沿斜坡最大速度匀速向上行进的极限状态进行分析。X 轴与坡面平行，Y 轴与坡面垂直，建立直角坐标系 XOY。其中，G 为机器人重力，F 为驱动力，F_N 为坡面支撑力，F_f 为摩擦力，设机器人质量为 m，斜坡坡度为 θ，则由牛顿第二定律可得

$$\begin{cases} F - F_f - G\sin\theta = 0 \\ F_N - G\cos\theta = 0 \\ F_f - uF_N = 0 \end{cases} \tag{4-1}$$

得

$$F = uG\cos\theta + G\sin\theta \tag{4-2}$$

u 为橡胶轮胎与地面的滚动摩擦系数，取 0.1。

可得

$$F = 43\text{N}$$

以最大速度 30m/min 匀速前进，并取安全系数 σ 为 0.8，计算单个减速电动机需要的功率 P，即

$$P \times 4 \times 0.8 = F \times v \tag{4-3}$$

得单个减速电动机的功率 P 为

$$P = 6.7\text{W}$$

综合考虑，选取 64GB3530F 型直流减速有刷电动机。该电动机输出功率 7W，额定转速 262r/min，减速比 35，可满足使用要求。电动机参数见表 4-1。

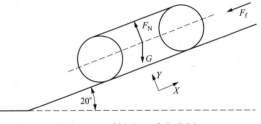

图 4-8　20°斜坡上受力分析

表 4-1　　　　　　　　　　　　　直流减速有刷电动机参数

电压（V）	额定转速（r/min）	额定转矩（N·m）	额定电流（A）	减速比	质量（g）
12	262	0.25	0.83	35	200

4.5.5　轮毂设计

轮毂机构包括：真空轮胎、挡圈、轮毂、套筒、轴承、传动轴、轴套、套环等部分，轮毂与真空轮胎三维模型如图 4-9 所示，轮毂主剖视图如图 4-10 所示。真空轮胎可充气，相较于实心轮胎，可大幅度减小摩擦阻力，再分别通过两个挡圈将轮胎压紧在轮毂上，挡圈与轮毂使用螺钉连接。轮毂与传动轴连接，传动轴另一端通过联轴器，与电动机输出轴连接，接收电动机的输出转矩。从联轴器到轮毂，传动轴上依次装配轴承、轴套、轴承、套环。两个轴承的外圈直径大于轴套与套环的外圈直径，以方便与套筒配合。套筒被固定在车身上，与传动轴通过轴承连接。在电动机的输出力矩下，传动轴转动，进而带动真空轮胎转动。

图 4-9 毂与真空轮胎三维模型

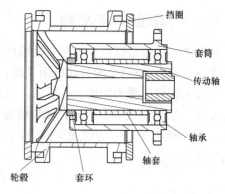

图 4-10 轮毂主剖视图

4.5.6 升降系统

升降系统可实现双目摄像机在竖直方向上的运动。升降系统包括丝杠滑块机构、直线导轨、升降电动机、剪叉连杆机构、上下平板、固定块等。升降电动机位于下平板下部，与齿轮相连，通过齿轮传动，带动丝杠滑块运动。丝杠滑块固定于下平板上部，滑块底部有凹槽，与直线导轨配合，可实现在导轨上的直线移动。剪叉连杆机构包含四根连杆，两两对称，中部通过铆钉两两铰接在一起，形成顶点对称的两个三角形。连杆一端铰接与下平板相连的固定块上，另一端也同样布置。另一对连杆一端铰接在滑块上，另一端铰接于固定块上。升降机构上部的固定块与直线导轨分别固定在上平板上。减速电动机带动齿轮转动，进而带动丝杠滑块运动，滑块在直线导轨上移动，又带动连杆机构上下移动，进而实现升降功能，升降系统如图 4-11 所示。

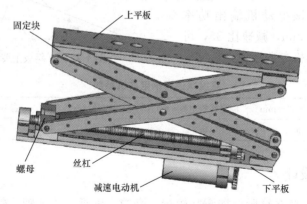

图 4-11 升降系统三维模型

4.5.7 剪叉连杆机构设计

剪叉式机构是一种可以改变运动状态的平面连杆机构，具有结构简单、伸缩性好、运动平稳等特点，在工程中得到了广泛的应用。剪叉式机构是一种存在两种工作状态的机构，包括压缩状态和伸展状态。压缩状态下体积小，不占有空间；在需要工作时，可快速由压缩状态转换为伸展状态。作为一种位移输出机构，其具有如下特点：常见于两组机构并联工作,具有较强的承载能力;结构简单可靠;伸缩性能好;运动平稳可靠;模块化装配,制作成本低;组件由连杆组成,可根据任务行程需要添加连杆组数或增加连杆长度。

基于剪叉连杆机构的特点,选择两组并联式的结构方案,包含四根连杆,两两对称。单组剪叉连杆结构如图 4-12 所示。在外力作用下,首铰链的活动铰座靠近(远离)固定铰座时,两根连杆的末铰链同样的靠近(远离)首铰链。

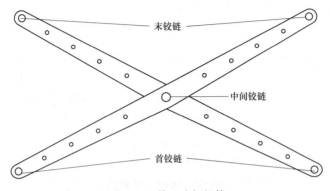

图 4-12　剪叉连杆机构

由于连杆的有效长度(即连杆的两端铰接孔的长度)直接决定升降系统的最大行程。因此,确定连杆的有效长度是设计该结构的关键。根据设计要求及隧道环境分析,水泥路面的宽度 0.7m,机械结构的单方向最大尺寸不超过 500mm,结合车身到地面的设计高度 150mm,可知升降机构的最大行程,即上平板与下平板的最大距离为 300mm。当升降机构达到最大行程时,由于固定块与滑块之间存在一段距离,两个交叉连杆不可能完全重合,因此存在一个最小夹角。考虑到连杆机构的稳定性与安全性,将夹角取为 20°。取升降机构的最大行程位置,计算连杆的有效长度 l,连杆简图如图 4-13 所示。

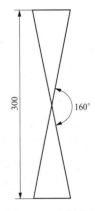

图 4-13　连杆简图

依据余弦定理有

$$\left(\frac{l}{2}\right)^2 + \left(\frac{l}{2}\right)^2 - 2\left(\frac{l}{2}\right)^2 \cos\sigma = s^2 \tag{4-4}$$

式中　σ——升降机构最大行程处,连杆的最大夹角 160°;

　　　s——升降机构的最大行程 300mm。

求得连杆的有效长度为

$$l = 305\text{mm}$$

4.5.8　升降电动机选型

升降电动机的作用就是输出扭矩,驱动升降系统产生升降运动。初步选择 XD-37GB555 型直流有刷电动机。

电动机参数见表 4-2。

表 4-2		电动机参数		
电压（V）	额定转速（r/min）	额定电流（A）	额定转矩（N.m）	质量（g）
12	84	0.6	0.3	150

验证电动机功率是否可驱动升降系统，升降电动机传动示意图，如图 4-14 所示。

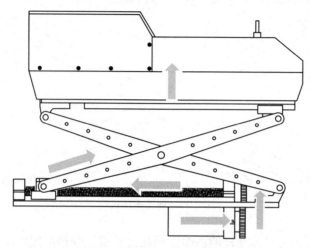

图 4-14　升降电动机传动示意图

由图 4-14 可知，升降电动机输出扭力，驱动一级齿轮转动。一级齿轮的传动比为 1：1，不增大扭力，只用于将扭力传递给丝杠。丝杠的转动，转化为滑块在丝杠上的直线移动。滑块与连杆通过铰链铰接，推动剪叉连杆机构收缩或伸展。

剪叉连杆机构上部铰接于固定块上，将收缩或伸展两种运动转化为扩展仓的上下移动。

考虑到后续的设备扩展，初步将扩展仓的总重量设定为 3kg。一级减速器的传动效率取 0.9；丝杠为梯形丝杠，直径 8mm，单头，螺距 2mm，导程 2mm，丝杠滑块的传动效率取 0.3；升降电动机的额定转速 84r/min，额定转矩 0.3N·m，计算升降电动机能提升的最大质量。

升降电动机的额定功率 P 为

$$P = \frac{n \times 2\pi \times T \times 9.8}{60 \times 100} = \frac{84 \times 2\pi \times 3 \times 9.8}{60 \times 100} = 2.6(\mathrm{W}) \tag{4-5}$$

式中　n——升降电动机的额定转速 84r/min；

　　　T——升降电动机的额定转矩 0.3N·m。

将剪叉连杆机构和扩展仓视为一个整体，受力示意图如图 4-15 所示。该结构受到一个重力 G，两个首铰链上分别受到一个沿铰链方向的压力 F_1，滑块受力示意图如图 4-16 所示。滑块受到一个垂直向上的支持力 F_N 丝杠对滑块的水平推力 F_2，沿连杆方向的压力 F_1（暂不考虑滑块受到的摩擦力）。

则由牛顿第二定律得

$$\begin{cases} 2F_1 \sin\left(\dfrac{180° - \theta}{2}\right) = G \\[2ex] F_1 \cos\left(\dfrac{180° - \theta}{2}\right) = F_2 \end{cases} \tag{4-6}$$

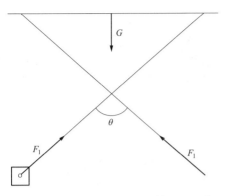

图 4-15　剪叉连杆与扩展仓整体受力示意图

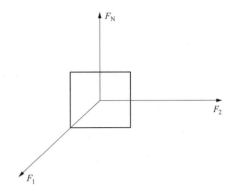

图 4-16　滑块受力简图

滑块最大移动速度为

$$V_{滑块} = V_{电动机} \times i = \frac{84 \times 2}{60} = 2.8(\mathrm{mm/s}) \tag{4-7}$$

丝杠的最大输出功率为

$$P_{丝杠} = P \times \eta_{齿轮} \times \eta_{丝杠} = 2.6 \times 0.9 \times 0.3 = 0.52(\mathrm{W}) \tag{4-8}$$

滑块受到的最大推力为

$$F_2 = P_{丝杠}/V_{滑块} = \frac{0.52}{2.8 \times 10^{-3}} = 208(\mathrm{N}) \tag{4-9}$$

将最大推力代入公式（4-6），θ 取值范围（20°，160°），求得 G 最小值为

$$G_{\min} = 73\mathrm{N}$$

求得 $G_{\min}$ 即为该型号电动机能提升的最大质量，大于初步设计的 3kg，表明该型号符合工作要求。

4.5.9　视觉单元

视觉单元用于拍摄隧道内部不同角度的双目图像（双目图像可用于三维重建），包括双目摄像机、两轴云台、LED 灯等部件，其三维模型如图 4-17 所示。

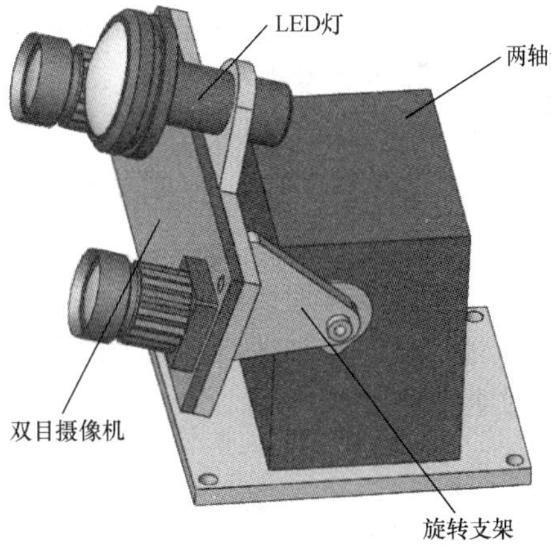

4.5.10　双目摄像机

双目摄像机可拍摄隧道内部多幅双目图像。

图 4-17　视觉单元三维模型

双目摄像机区别于普通摄像机，它由左目和右目两个参数完全相同的摄像机组成，其硬件通过特殊处理，使两个相机可以在同一瞬间抓拍两幅图像，并将两幅图像拼接为单幅图像，输出双目图像。

本文选用莱娜机器视觉公司的 HNY-CV-001 型定基线双目摄像机。感光元件类型为 CMOS，具体参数见表 4-3。

53

表 4-3			相机参数		
型号	像素尺寸（um）	数据接口	接口协议	基线（cm）	尺寸（cm）
HNY-CV-001	3.0×3.0	USB3.0	UVC 协议（免驱）	6	74×23×25

4.5.11　两轴云台设计

两轴云台为双目摄像机提供水平、俯仰运动，保证摄像机具有一定的拍摄视角。该云台包括一个水平舵机和一个俯仰舵机，两舵机输出轴相互垂直，水平舵机和俯仰舵机分别为双目摄像机提供水平和俯仰运动。

云台所使用的两舵机选用相同型号的 MG90S，该型号舵机具有较高的精度和较大的转动角度，使云台可在水平 180°，俯仰 90°范围内转动，具体参数见表 4-4。

表 4-4			MG90S 型舵机		
工作电压（V）	工作转矩（N·m）	最大转角（°）	速度（sec/60°）	尺寸（mm）	质量（g）
4.8～6.0	0.16	180	0.11	22×12×28	13.6

4.5.12　LED 灯选型

在隧道环境中，往往由于光线不足，使摄像机曝光度较低，拍摄的双目图像亮度、色调、饱和度不足会影响重建效果。因此，需要增添辅助照明设备，提高摄像机曝光度。另外，过高的曝光度，会在物体表面的光滑部位产生镜面反射效果，使拍摄的双目图像缺失该部分的纹理。综上，选用可调节亮度的 LED 散光灯，增加摄像机的曝光度。该灯可工作在 5～20V 电压下，发光角度 180°，功率 1～3W，可调节的光照强度范围 90～200cd。

4.6　车　身　主　体

机器人主体车身连接着移动系统与升降系统，承载多种电气元件，所以对车身的设计要求，既能保证一定刚性，又能为内部电气元件预留足够空间。车身三维模型见如图 4-18 所示，实物如图 4-19 所示。

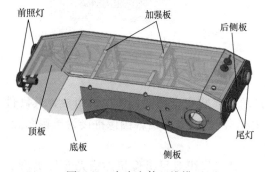

图 4-18　车身主体三维模型

图 4-19　车身主体实物

车身由侧板、底板、加强板、顶板、前照灯、尾灯组成。车身中部布置电动机、电动机驱动、电源等部件。两个加强板布置于车身中部，同时起到固定顶板、底板、侧板的作用。加强板的引入一方面在保证车身轻量化的前提下，提高车身刚性，一方面能起到一定的分割车身空间的作用，方便固定升降系统。前照灯与尾灯分别布置在前后侧板上，用于在行进过程的照明。

4.6.1　控制系统

针对机器人结构和隧道环境特点，设计以小型工控机为核心控制单元的控制系统。控制系统应具有如下特点：电动机控制灵敏度高、信息处理能力强、传输信号稳定、采用模块化设计。

机器人控制系统原理如图4-20所示。控制系统由隧道内部移动控制端和地面控制端两部分组成。地面控制端包括计算机（计算机），其通过接收由移动控制端发送的隧道内部实时图像信息，操作员据此判断隧道内部环境情况，发送遥控指令，控制机器人完成行走、转向及云台方位控制、双目图像拍摄等功能。

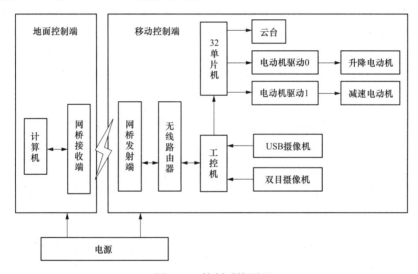

图4-20　控制系统原理

移动控制端分为控制模块、电源模块、通信模块和视觉模块。控制模块包括一块小型工控机（体积小巧，可装于机器人上）和一块单片机，控制机器人基本动作及图像拍摄。电源模块为其他模块供电。通信模块用于动作指令、图像数据的传输。视觉模块可获取隧道内部环境的双目图像。控制系统组成如图4-21所示。

4.6.2　控制模块

控制模块包含一块 XCY-X38-1007U 型工

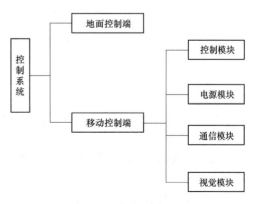

图4-21　控制系统组成

控机和一块 STM32F407ZGT6 单片机,工控机通过 USB 口与双目摄像机连接,控制双目摄像机拍摄图像并保存在硬盘中。工控机的 RJ-45 网线接口与无线路由器相连,可将图像传输回计算机端。

工控机与单片机连接,用于向单片机发送指令,控制电动机与云台的动作。工控机尺寸小巧,结构紧凑,可完全置于扩展舱后部;外置 4 个 2.0USB 接口,1 个 3.0USB 接口,1 个网络接口,并且用户可以根据需求进行配置或扩展,可满足接口需求;使用 Core i3 3217U 双核(四线程)处理器,信息处理能力更强、效率更高;采用 x86 计算机架构,使其兼容各种版本的 Windows 操作系统;低功耗芯片组搭配低电压处理器,主板能耗进一步降低,发热量更少;配置 Intel 集成显卡,支持 OpenGL 等多种图形处理库;两个 MINI 计算机 I-E 接口可配置无线网卡和固态硬盘;最大内存容量可扩到 16GB,可以安装丰富的应用软件。

工控机相当于一台小型计算机,通过 RJ-45 网线接口与无线路由器相连。地面控制端的计算机通过无线信号也与无线路由器连接,可组建由两台电脑和无线路由器构成的小型局域网,实现地面与隧道内部的通信与控制功能。工控机与单片机连接,将来自地面控制端的指令,基于 RS-232 串口协议,传输给单片机,实现机器人的前进、后退、转向等基本运动;控制升降系统的电动机,以实现升降运动;控制云台的水平、俯仰运动,以实现双目摄像机多角度拍摄功能。工控机接收来自双目摄像机与 USB 摄像头视频数据,经由局域网,将数据传输回控制端(计算机)。基于 C++编写上位机软件,实现上述基本动作控制,如图 4-22 所示。

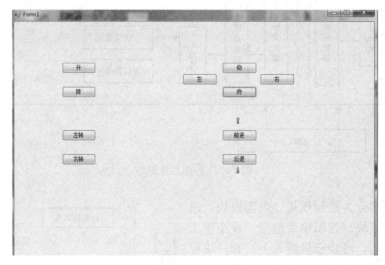

图 4-22　上位机软件

4.6.3　电源模块

电源模块包括电源和稳压模块,主要为其他模块提供电能。电源模块的高稳定性是动力系统与控制系统可靠运行的重要保障。机器人中需要供电的器件有 3 个电动机驱动、1 个云台、1 块单片机、1 块工控机。其中的直流减速电动机采用 12V 直流供电,并能满足如下要求:单电动机供电电流要保证达到 500m 左右;保证机器人在巡检过程中,完成 1h 以上的巡检任务；需要克服四轮驱动模式下，转向时的横向摩擦阻力。因此，对于电源的选型，提出以下两点要求：

(1) 电压高于 12V，且最低持续性放电时长 1h；

(2) 最大持续性放电电流可满足机器人极限工况下的功率需求。

升降电动机功率 2.6W，单个减速电动机功率 7W（4 个），工控机功率 25W，单片机功率 5W，单个 LED 灯功率 2W（5 只），两轴云台功率 4W。可知机器人在满负荷工况下，总功率约 70W。

为了满足电压要求，选用电压 U 为 14.8V 的锂电池，其所需的最低容量 $I_电$：

$$I_电 = \frac{E_机}{U} = 4.7(\text{Ah}) \tag{4-10}$$

由上可知，电池所需容量最低为 4700mAh。综合考虑，选择格氏 5300mAh 锂电池，详细参数见表 4-5。

表 4-5 格氏锂电池参数表

类别	参数	类别	参数
容量（mAh）	5300	放电倍率（C）	30
电压（V）	14.8	最大充电电流（A）	25
质量（g）	505	插头类型	T 插

该型号锂电池放电倍率 30C，即最大持续性放电电流 159A，完全满足机器人工作需求。机器人硬件布局紧凑，设计电源同时为控制与执行硬件供电，需要对电源输出端采取分线式设计方案。由于电动机、云台、单片机以及工控机所需的电压不同，因此需要使用稳压模块，将电源输出的 14.8V 的电压，转换为各个模块的工作电压。稳压模块是一种可以调节电压的硬件，能将电源的输出电压，调整到一定范围为各个模块供电。其中，云台工作电压 6V；单片机工作电压 3.3V，工控机工作电压 12V。因此，需要选用能够输出 3.3、6、12V 的稳压模块。

综上所述，选择 LM2596S 型直流可调稳压模块。该模块可以实现最高 24V 直流输入，3.3、6、12V 直流输出，同时具有过流保护、过压保护、短路保护及欠压保护等功能。同时，它新增了基准稳压器和固定频率振荡器，并印制有相对完善的热关断电路、过电流保护电路等电路，为系统可靠工作提供了相应保护支持。

4.6.4 通信模块

通信模块选用无线传输式，基于设计要求，机器人需要在隧道内完成长距离的通信任务，因此使用无线网桥和无线路由器建立一个小型的局域网，实现地面控制端与移动控制端的通信传输，通信模块工作原理如图 4-23 所示。

无线路由器选用 TP-Link 型号，该路由器支持 2.4G 和 5.8G 双频段信号传输，在 5.8G 频段，传输信号可达到 867M，可满足使用需求。

无线网桥是一种工作在局域网链路层的无线传输设备，可以在同网段之间传输信号，也可以有效地连接两个局域网。工作在两个网段时，可实现在同一网段内相互通信，两个网段间信号相互转发。通常情况下，无线网桥用于连接同类型、少量的网段。无线网桥由

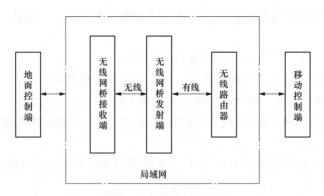

图 4-23　通信模块工作原理

接收端与发射端两部分组成。接收端与发射端可以相互交换，因此两端是为了便于区别而人为划分的。当在需要远距离无线传输网络信号时，人们用无线网桥代替网线。无线网桥在数据链路层工作，作为中继单元被吊放到隧道内，通过不同的 MAC 地址发送帧并将 LAN（局域网）连接起来，可在长距离上正常运行。

无线网桥有 2.4G 和 5.8G 两种型号传输方式，由于隧道环境空间密闭、磁场干扰强，因此需要距离较长且信号传输稳定的信号传输。相较于 2.4G 无线网桥，5.8G 无线网桥传输质量更稳定、速度更快、距离更远。综上，该模块选用由拉法联科公司生产的 LF-P588 型 5.8G 无线网桥，具体参数见表 4-6。

表 4-6　　　　　　　　　　　　　　　　　　5.8G 无线网桥

类型	参数	类型	参数
芯片	RTL8881AN	无线传输距离（km）	3
尺寸（mm）	170×30×20	携带摄像机数量（台）	9

该局域网主要由无线网桥和无线路由器组成。无线路由器可以通过 IP 地址，将地面控制端与移动控制端连接起来，组成由两台计算机的小型局域网。无线网桥可增加该局域网的有效覆盖范围。局域网的搭建主要分为以下 3 个步骤：

（1）无线路由器的 LAN 口分别无线网桥接收端及地面控制端的计算机连接；无线网桥的发射端与移动控制端的工控机连接。

（2）登录计算机的浏览器页面，进入 DHCP 服务器，获取工控机的 IP 地址。

（3）登录计算机的远程控制页面，输入工控机的 IP 地址，进入 WINDOWS 桌面，完成局域网的搭建。

通过搭建完成的局域网，可在计算机上远程访问工控机，并打开与工控机连接的摄像头。

4.6.5　视觉模块

视觉模块用于获取隧道内部环境的不同角度双目图像。该模块由硬件（视觉单元）和软件两部分组成。视觉单元用于拍摄双目图像。软件用于控制双目图像的拍摄方式，并将双目图像进行保存。

地面控制端控制云台的水平、俯仰运动以及升降系统的升降运动，完成双目摄像机的多角度拍摄。通过 AMCAP 软件控制双目摄像机的拍摄。

该软件的工作界面显示双目摄像机的双目图像，菜单栏位于左上角，可设置图像的输出格式、尺寸、亮度、对比度、色调、饱和度、清晰度等信息，设置信息如图 4-24 所示。

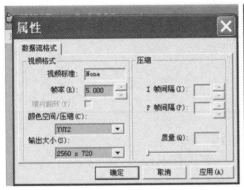 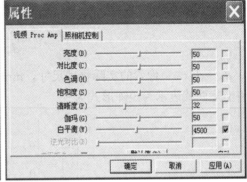

图 4-24　图像输出设置

该软件具有两种工作模式，照相机模式和摄像机模式。在照相机模式下，可拍摄双目图像。在摄像机模式下，可拍摄双目视频。在完成三维重建中，一般需要几十甚至几百对双目图像，若选用照相机模式，工作量较大；通过选用摄像机模式，拍摄隧道内部的一段视频，再将视频等间隔抽取单帧的双目图像，即可达到需求。在摄像机模式下，获取的双目图像。

4.7　双目立体视觉系统

双目立体视觉系统类似于人类双眼的视觉原理，人类之所以能够看到真实世界，是一个通过将物体的反射光，透过晶状体折射、成像于视网膜上，再经由视觉神经传递到大脑的传递过程。双目立体视觉系统模拟人眼视觉成像原理，使用双目摄像机拍摄一幅双目图像，通过计算匹配点对的视差，基于三角测量原理，进而获取物体的三维坐标。双目立体视觉系统具有成本低、系统构成简单、精度适中等特点，在非接触测量领域得到广泛应用。本节介绍的双目立体视觉系统，可以完成双目相机标定及双目图像匹配。

4.7.1　常用坐标系

双目立体摄像机模拟人眼视觉成像原理，将真实世界的物体投射到相机内部的感光元件上。真实世界的物理点经过一系列的转换，化为感光元件上的像素点。在这一系列的转换过程中，涉及四种类型的坐标系：像素坐标系、物理坐标系、摄像机坐标系、世界坐标系。

（1）像素坐标系与物理坐标系。像素坐标系与物理坐标系是二维坐标系，如图 4-25 所示。两个坐标系共面且与摄像机光轴（通过摄像机镜头的光束的中心线）垂直，都位于摄像机的焦距 f 处。像素坐标系 (u, v) 的原点 O_0 位于图像左上角，单位为像素，u 轴正方向水平向右，表示坐标系的列数，v 轴正方向垂直向下，表示坐标系的行数；物理坐标系

(x, y) 的原点 O_1 在像素坐标系上的坐标为 (u_0, v_0)，O_1 是光轴与物理坐标系的交点，单位为 mm，两坐标系两两平行。

两坐标系存在以下转换关系：

$$u = \frac{x}{d_x} + u_0 \tag{4-11}$$

$$v = \frac{y}{d_y} + v_0 \tag{4-12}$$

式中 d_x、d_y——像素的实际物理尺寸，mm。

将上述两式表示为矩阵形式为

$$\begin{bmatrix} u \\ v \\ 1 \end{bmatrix} = \begin{bmatrix} \dfrac{1}{d_x} & 0 & u_0 \\ 0 & \dfrac{1}{d_y} & v_0 \\ 0 & 0 & 1 \end{bmatrix} \begin{bmatrix} x \\ y \\ 1 \end{bmatrix} \tag{4-13}$$

（2）摄像机坐标系与世界坐标系。摄像机坐标系 $O_c X_c Y_c Z_c$ 与世界坐标系 $O_w X_w Y_w Z_w$ 是三维坐标系，两坐标系如图 4-26 所示。在摄像机坐标系中，摄像机坐标系的原点 O_c 位于摄像机的光心（透镜的中心），$O_c Z_c$ 轴与摄像机的光轴重合。摄像机坐标系 $Z_c = 0$ 处的平面与物理坐标系平行。

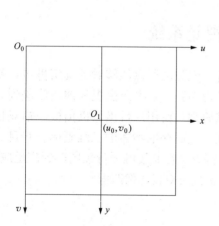

图 4-25　像素坐标系与物理坐标系

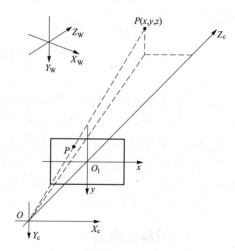

图 4-26　摄像机坐标与世界坐标系

由于摄像机可位于空间中的任意位置，因此以摄像机为基准的摄像机坐标系在空间中的位置也任意。为了更好地说明真实世界物体与摄像机的相互关系，故需要确定一个唯一的世界坐标系（设置位置任意），作为一个基准坐标系。世界坐标系之于摄像机坐标系，相当于经过一次变换（包括一个旋转矩阵 R 和一次平移矩阵 T）。

摄像机坐标与世界坐标系存在以下转换关系：

$$\begin{bmatrix} X_c \\ Y_c \\ Z_c \\ 1 \end{bmatrix} = \begin{bmatrix} R & T \\ 0^T & 1 \end{bmatrix} \begin{bmatrix} X_w \\ Y_w \\ Z_w \\ 1 \end{bmatrix} \tag{4-14}$$

R（3×3 单位正交矩阵）是世界坐标系之于摄像机坐标系的旋转矩阵；t（3×1）是世界坐标系之于摄像机坐标系的平移矩阵，$\begin{bmatrix} R & t \end{bmatrix}$ 是摄像机的外参数矩阵。

4.7.2 摄像机的非线性模型

摄像机模型分为线性模型和非线性模型，线性模型是一种理想化模型，未考虑摄像机镜头畸变影响，比如针孔成像模型。实际上，在镜头的加工制作中，总会存在径向畸变、切向畸变以及离心畸变等误差，镜头畸变是普遍存在的。相较于线性模型，非线性模型可以修正由镜头制造误差产生的畸变，提高摄像机成像精度。不同的镜头畸变对成像精度的影响不同，其中径向畸变和切向畸变对成像精度影响较大。下面主要考虑这两种畸变的影响。

（1）径向畸变。径向畸变主要是由摄像机透镜的曲率变化率所引起的。在透镜的光心附近，曲率变化率接近于 0，所以径向畸变也很小。随着光线逐渐靠近透镜边缘，曲率变化率也随之增大，径向畸变也就随之增大，径向畸变是造成图像畸变的最主要因素。

径向畸变可以用透镜中心点位置周围的泰勒级数展开式进行描述。一般取泰勒级数的前三项，其展开式为

$$x' = x(1 + k_1 r^2 + k_2 r^4 + k_3 r^6) \tag{4-15}$$

$$y' = y(1 + k_1 r^2 + k_2 r^4 + k_3 r^6) \tag{4-16}$$

(x, y) 表示畸变点在成像平面上的初始位置。(x', y') 表示校正后的新位置。k_1，k_2，k_3 表示径向畸变的 3 个常数。

（2）切向畸变。切向畸变是在透镜装配过程中，透镜与成像平面往往无法绝对平行而引起的。切向畸变通常用 p_1 和 p_2 两个常数表示：

$$x' = x + [2p_1 xy + p_2(r^2 + 2x^2)] \tag{4-17}$$

$$y' = y + [2p_2 xy + p_1(r^2 + 2y^2)] \tag{4-18}$$

(x, y) 表示畸变点在成像平面上的初始位置。(x', y') 表示校正后的新位置。因此，在使用非线性模型时，将 k_1、k_2、p_1、p_2、k_3 组成一个 5×1 的矩阵，描述透镜畸变。

4.7.3 双目立体标定

（1）双目立体视觉原理。鉴于双目立体视觉系统成本低廉、系统构成简单、精度适中等特点，本文选用一种左右相机平行的双目立体视觉系统。该系统存在如下特征：基线（两台摄像机光心之间的距离）垂直于光轴；左右摄像机的两幅成像平面共面；光轴相互平行。双目立体视觉系统的模型如图 4-27 所示。

在双目立体视觉系统中，左摄像机坐标系与双目立体视觉系统的摄像机坐标系重合，左右摄像机参数相同，焦距都为 f。基线 b 表示左右摄像机光心之间的距离。空间一个特征点 $P(X_c, Y_c, Z_c)$，投影到两摄像机的成像平面，物理坐标分别为 $p_1(x_1, y_1)$ 和 $p_r(x_r, y_r)$。因为平行配置的两摄像机成像平面共面且行对齐，因此 x 轴共线，匹配点只

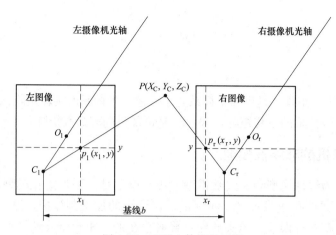

图 4-27 双目立体视觉系统

在 x 轴方向上有偏移，在 y 轴方向上没有偏移，即 $y_1 = y_r = y$。将匹配点在 x 轴方向上的偏移 $d = x_1 - x_r$，定义为视差。根据相似三角形关系，摄像机坐标系下的 P 点坐标为

$$\begin{cases} X_c = \dfrac{b \times x_1}{d} \\[2mm] Y_c = \dfrac{b \times y}{d} \\[2mm] Z_c = \dfrac{b \times f}{d} \end{cases} \tag{4-19}$$

由式（4-19）可知，在得到匹配点对的视差后，即可求出该点对应的三维坐标。因此，针对平行的双目立体视觉系统模型求解三维重建的问题，即可简化为寻找匹配点对的问题。

（2）双目标定参数。相机标定是为了获得摄像机的内外参数，相机标定一般分为单目相机标定和双目相机标定，双目标定需要在单目标定的基础上完成。

针对双目立体系统的标定，在完成单目标定后，还需要计算出双目相机的外参数。双目相机的外参数是关于两个摄像机坐标系的刚性转换。刚性变换矩阵包括旋转矩阵 R 和平移矩阵 T，即将其中一个摄像机坐标系作为参考坐标系，另一个摄像机坐标系通过旋转 R 和平移 T 变换，映射到参考摄像机坐标系中。表 4-7 列出了双目相机的所有标定参数。

表 4-7　　　　　　　　　　　　　　　　双目相机标定参数

参数	表达式
内参（单目相机内参）	$K = \begin{bmatrix} f_x & \gamma & u_0 \\ 0 & f_y & v_0 \\ 0 & 0 & 1 \end{bmatrix}$
径向畸变、切向畸变（单目相机畸变参数）	$k_1、k_2 \ / \ p_1、p_2$
旋转矩阵、平移矩阵（双目相机外参）	$R = \begin{bmatrix} r_1 & r_2 & r_3 \\ r_4 & r_5 & r_6 \\ r_7 & r_8 & r_9 \end{bmatrix} \quad T = \begin{bmatrix} t_x \\ t_y \\ t_z \end{bmatrix}$

4.7.4　张正友标定方法

常用的标定方法有三种：传统标定方法、自标定方法和张正友标定法。相较于传统的标定方法，张正友标定法只需要一张边长确定的棋盘格制作而成的标定板。标定板制作的精度越高，标定结果就越精确。相较于自标定方法，张正友标定方法操作简单、对噪声不敏感、鲁棒性更好。鉴于张正友标定方法易操作、成本低、适用领域广等特点，已广泛应用于计算机视觉众多领域。

（1）求解单应性矩阵。单应性矩阵表示标定平面到图像平面的映射关系。我们知道空间中的一点 $X = [X，Y，Z，1]^T$ 到成像平面上的点 $m = [u，v，1]^T$ 的映射关系，定义如下：

$$sm = K[R，T]X \tag{4-20}$$

式中　s——尺度因子；

K——内参数矩阵；

R——旋转矩阵；

T——平移矩阵。

令

$$K = \begin{bmatrix} \alpha & \gamma & u_0 \\ 0 & \beta & v_0 \\ 0 & 0 & 1 \end{bmatrix} \tag{4-21}$$

令世界坐标系 $Z = 0$ 的平面与棋盘格平面重合。

可得

$$s \begin{bmatrix} u \\ v \\ 1 \end{bmatrix} = K \begin{bmatrix} r_1 & r_2 & t \end{bmatrix} \begin{bmatrix} X \\ Y \\ 1 \end{bmatrix} = H \begin{bmatrix} X \\ Y \\ 1 \end{bmatrix} \tag{4-22}$$

H 成为单应性矩阵，表示为

$$H = \begin{bmatrix} h_1 & h_2 & h_3 \end{bmatrix} = \lambda K \begin{bmatrix} r_1 & r_2 & t \end{bmatrix} \tag{4-23}$$

已知 H（3×3）中有一个齐次坐标元素，齐次坐标是已知量 1，剩余 8 个未知量。若要完全求解这 8 个未知量，至少需要 8 个方程。由于每个特征点可列出 2 个方程，所以至少需要四个特征点。因此，四点就可以计算出元素坐标系到世界坐标系的单应性矩阵 H，这也是标定板的棋盘格采用四个角点的原因。

（2）利用约束条件求解内参矩阵。求解内参矩阵的核心思想：在上一步骤中，已将 H 求出，此步将外参矩阵从 H（包含内参矩阵与外参矩阵）分离出去，即可求解内参矩阵。

由式（4-23）可得

$$\lambda = \frac{1}{s}$$

$$r_1 = \frac{1}{\lambda} K^{-1} h_1 \tag{4-24}$$

$$r_2 = \frac{1}{\lambda} K^{-1} h_2$$

由于旋转矩阵 T 是正交矩阵，可得

$$r_1^T r_2 = 0$$
$$|| r_1 || = || r_2 || = 1 \tag{4-25}$$

将式（4-24）代入式（4-25）得

$$h_1^T K^{-T} K^{-1} h_2 = 0$$
$$h_1^T K^{-T} K^{-1} h_1 = h_2^T K^{-T} K^{-1} h_2 \tag{4-26}$$

在式（4-26）中，只有内参阵 K 是未知量，包含 5 个参数。3 个单应性矩阵在 2 个约束下可以产生 6 个方程。因此，3 个 H 可解出全部的五个内参。1 幅标定板可求出 1 个 H，需要 3 幅标定板。为了简化计算，定义如下：

$$B = K^{-T} K^{-1} = \begin{bmatrix} B_{11} & B_{12} & B_{13} \\ B_{21} & B_{22} & B_{23} \\ B_{31} & B_{32} & B_{33} \end{bmatrix} = \begin{bmatrix} \dfrac{1}{\alpha^2} & -\dfrac{\gamma}{\alpha^2 \beta} & \dfrac{v_0 \gamma - u_0 \beta}{\alpha^2 \beta^2} \\ -\dfrac{\gamma}{\alpha^2 \beta} & \dfrac{\gamma^2}{\alpha^2 \beta^2} + \dfrac{1}{\beta^2} & -\dfrac{\gamma(v_0 \gamma - u_0 \beta)}{\alpha^2 \beta^2} - \dfrac{v_0}{\beta^2} \\ \dfrac{v_0 \gamma - u_0 \beta}{\alpha^2 \beta} & -\dfrac{\gamma(v_0 \gamma - u_0 \beta)}{\alpha^2 \beta^2} - \dfrac{v_0}{\beta^2} & \dfrac{\gamma(v_0 \gamma - u_0 \beta)}{\alpha^2 \beta^2} + \dfrac{v_0}{\beta^2} + 1 \end{bmatrix} \tag{4-27}$$

可以看到，B 是一个对称阵，所以 B 的有效元素为 6 个，让这 6 个元素写成向量 b，表示为

$$b = \begin{bmatrix} B_{11} & B_{12} & B_{22} & B_{13} & B_{23} & B_{33} \end{bmatrix}^T \tag{4-28}$$

可得

$$v_{ij} = \begin{bmatrix} h_{i1} h_{j1} & h_{i1} h_{j2} + h_{i2} h_{j1} & h_{i2} h_{j2} & h_{i3} h_{j1} + h_{i1} h_{j3} & h_{i3} h_{j2} + h_{i2} h_{j3} & h_{i3} h_{j3} \end{bmatrix}^T$$
$$h_i^T B h_j = v_{ij}^T b \tag{4-29}$$

利用约束条件可以得到

$$\begin{bmatrix} v_{12}^T \\ (v_{11} - v_{12})^T \end{bmatrix} b = 0 \tag{4-30}$$

已知式（4-20），至少需要三幅包含棋盘格的标定板，可以计算得到 B，然后通过将 B cholesky 分解，求得内参数矩阵 K。求得 K 后，即可求得外参数

$$\lambda = \frac{1}{s} = \frac{1}{|| A^{-1} h_1 ||} = \frac{1}{|| A^{-1} h_2 ||} \tag{4-31}$$

$$\begin{cases} r_1 = \dfrac{1}{\lambda} K^{-1} h_1 \\ r_2 = \dfrac{1}{\lambda} K^{-1} h_2 \\ r_3 = r_1 \times r_2 \end{cases} \tag{4-32}$$

$$t = \lambda K^{-1} h_3 \tag{4-33}$$

（3）最大似然估计优化内外参数。以上推论过程是在不考虑畸变的理想情况下进行的，但在实际标定过程中，畸变不可避免。因此，使用最大似然估计，对内外参进行优化。在标定过程中，需要拍摄多幅标定板双目图像，设棋盘格（棋盘格粘贴于标定板上）上角点

数目共 M ，第 i 幅双目图像上角点为 M_{ij} ，则公式 4-33 可表示为

$$m(K,R,t,M_{ij})=K[R\mid t]M_{ij} \tag{4-34}$$

式中　　R_i——第 i 幅图像的旋转矩阵；

　　　　t_i——第 i 幅图像的平移向量；

　　　　K——内参数矩阵。

则角点 m_{ij} 的概率密度函数为

$$f(m_{ij})=\frac{1}{\sqrt{2\pi}}e^{\frac{-(m(K,R_i,t_i,M_{ij})-m_{ij})^2}{\sigma^2}} \tag{4-35}$$

构造似然函数：

$$L(A,R_i,t_i,M_{ij})=\prod_{i=1,j=1}^{n,m}f(m_{ij})=\frac{1}{\sqrt{2\pi}}e^{\frac{-(m(K,R_i,t_i,M_{ij})-m_{ij})^2}{\sigma^2}} \tag{4-36}$$

由式（4-36）可知，当 L 取最大值时，自然函数的指数的值应为最小。使用 LM 算法迭代求最优解，即

$$\sum_{i=1}^{n}\sum_{j=1}^{m}\parallel \bar{m}(K,k_1,k_2,R_i,t_i,M_{ij})-m_{ij}\parallel^2 \tag{4-37}$$

至此，即可求得优化后的内外参数。

（4）畸变系数估计。此步考虑畸变因素，同样使用最大似然估计的思想，估计畸变系数。畸变用泰勒级数展开式的前两项表示：

$$\bar{u}=u+(u-u_0)[k_1(x^2+y^2)+k_2(x^2+y^2)^2] \tag{4-38}$$

$$\bar{v}=v+(v-v_0)[k_1(x^2+y^2)+k_2(x^2+y^2)^2] \tag{4-39}$$

化作矩阵形式：

$$\begin{bmatrix}(u-u_0)(x^2+y^2) & (u-u_0)(x^2+y^2)^2 \\ (v-v_0)(x^2+y^2) & (v-v_0)(x^2+y^2)^2\end{bmatrix}\begin{bmatrix}k_1 \\ k_2\end{bmatrix}=\begin{bmatrix}\bar{u}-u \\ \bar{v}-v\end{bmatrix} \tag{4-40}$$

记做

$$Dk=d \tag{4-41}$$

则可得

$$k=[k_1,k_2]^T=(D^TD)^{-1}D^Td \tag{4-42}$$

由式（4-42）可得畸变系数 K 。使用最大似然思想优化畸变系数 K ，再次利用 LM 法计算最小函数值的参数值

$$\sum_{i=1}^{n}\sum_{j=1}^{m}\parallel \bar{m}(K,k_1,k_2,R_i,t_i,M_{ij})-m_{ij}\parallel^2 \tag{4-43}$$

以上为张正友标定法的全部过程。最后，得到了相机内参、外参和畸变系数。

4.7.5　相对位姿求解

相对位姿关系包括一个旋转矩阵和一个平移矩阵，即双目摄像机的外参数。在使用张正友标定法，完成单目相机的标定后，即可基于单目相机参数，求得双目相机的相对位姿。在分别完成两个摄像机的标定后，得到左侧摄像机的参数 R_l 、T_l 以及右侧摄像机的参数 R_r 、T_r 。则可由式（4-44）求得相对位姿 R' 、T' ：

$$\begin{cases} R' = R_r R_1^{-1} \\ T' = T_r + R_r R_1^{-1} T_1 \end{cases} \tag{4-44}$$

至此，可求出双目立体视觉系统的位姿参数 R'、T'。

4.7.6 标定步骤与结果分析

用 MATLAB 双目标定工具箱完成双目标定工作，其设计原理主要参照张正友标定方法。具体步骤如下：

（1）制作标定板。标定板的精度越高，越有利于双目相机标定精度。基于 C++ 语言，编写一个输出标定板的程序，尺寸为纸张 A4 大小，将程序输出结果保存为 jpg 格式图片，并使用打印机打印。输出结果如图 4-28 所示。

（2）拍摄双目图像。在对标定板双目图像进行拍摄时，需要手持标定板连续变换方位，并且保证每次拍摄的时候，左右图像包含了所有的角点（黑色棋盘格的四个顶点），图像清晰，占据不低于 1/3 的图像区域。依据张正友标定方法，最低拍摄

图 4-28 标定板

三张标定板图像，即可完成双目标定，但在实际应用中往往会拍摄多张标定板图像，以得到更精确的参数。本次标定拍摄 25 幅标定板图像。单次采集的标定板图像如图 4-29 所示。

图 4-29 单次采集的标定板图像

（3）单目标定。基于 MATLAB 标定工具箱，分别对两个摄像机进行单目标定，求取单目摄像机的内外参数。先对左相机进行单目标定，载入 25 张棋盘格图像如图 4-30 所示。

依次对 25 张棋盘格图像，提取角点信息。定义左上角角点为坐标 0 点，x 轴平行于棋盘格角点，方向垂直向下；y 轴平行于棋盘格角点，方向水平向右。x 轴方向共 6 个角点，y 轴方向共 9 个角点。每个棋盘格的边长为 29mm。提取第 1 张图像所有角点信息，如图 4-31 所示。

25 张标定板图片的角点依次被提取后，基于张正友标定法，即可得出左相机的标定结果。左相机与 25 张标定板的相对位姿，如图 4-32 所示。

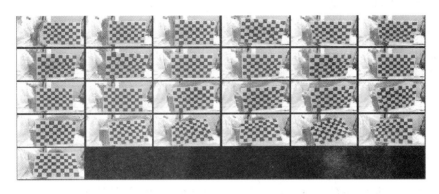

图 4-30　左目相机 25 张棋盘格图像

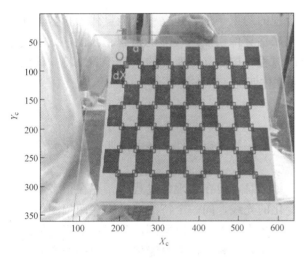

图 4-31　左相机第一张图像角点

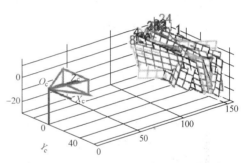

图 4-32　左相机与棋盘格相对位姿

方法同上，处理右相机的拍摄图像，得到右相机的标定结果。至此，单目相机标定工作完毕，相机的内参数见表 4-8。

表 4-8　　　　　　　　　　　　　　　　双目相机内部参数

标定参数	标定结果
左相机焦距 $[f_x, f_y]$	$[570.539\ 41,\ 570.433\ 11]$
左相机主点 $[u_0, v_0]$	$[338.370\ 62,\ 157.929\ 71]$
左相机畸变参数 k_c	$[0.070\ 76,\ -0.119\ 17\ \ ,\ -0.003\ 01,\ -0.002\ 29,\ 0.000\ 00]$
右相机焦距 $[f_x, f_y]$	$[574.576\ 63,\ 574.965\ 55]$
右相机主点 $[u_0, v_0]$	$[331.426\ 66,\ 161.202\ 58]$
右相机畸变参数 k_c	$[0.046\ 56,\ -0.109\ 58,\ -0.002\ 20,\ -0.002\ 03,\ 0.000\ 00]$

（4）双目标定。单目标定完毕，进行双目标定，应用双目立体标定工具箱，求得相对

位姿参数，相对位姿参数见表 4-9。

表 4-9 相对位姿参数标定结果

相对位姿参数	标定结果
旋转矩阵/矢量 R	$[0.001\ 96,\ 0.002\ 92,\ 0.000\ 16]$
平移矩阵 T	$[-59.692\ 30,\ -0.060\ 08,\ 0.683\ 40]$

至此，完成双目标定工作。

4.7.7 立体匹配

立体匹配的目标是在双目图像中，找出匹配点对，通过计算匹配点在两幅图片中的视差（x 坐标轴的像素差值），最终输出一幅视差图。立体匹配的效果好坏将直接影响三维重建的精度高低。

立体匹配的求解过程，就是加入一些合理的约束条件，建立一个能量代价函数，使用优化理论对函数进行优化，使其达到最小化来估算像素点的视差的过程。因此，从本质上来说，立体匹配其实就是一个求解最优化的过程。按照立体匹配的求解步骤，将立体匹配分为局部立体匹配，半全局立体匹配和全局立体匹配三种方法。

4.7.8 约束准则

约束准则是在求解立体匹配过程中，加上的一些约束条件，将立体匹配转化为求解优化理论的过程。

双目视觉技术模拟人类视觉原理得到三维信息，但在实现的过程中，存在很多不确定因素。例如，由于现实环境中存在噪声和变化的光线，同一个特征点投影在两幅图像上的图像点的灰度差别很大，从而可能造成一点对多点或者无法匹配到的失误；由于立体匹配是基于平面图像逆向求解三维坐标的过程，在实际求解中，不可能把所有的图像点一一求出三维坐标，必然会丢失部分三维坐标信息。因此，需要确定一些约束标准来缩小匹配区域，在匹配过程中加入约束条件，匹配结果才更具可靠性，下面介绍几个重要约束准则：

（1）极线约束。极限约束将二维搜索问题转化为一维搜索问题。设空间上有一点 P，其投影在左右成像平面上的两点分别为 P_1 和 P_r。则与 P_1 对应的匹配点 P_r 一定在右侧极线上。

（2）唯一性约束。三维空间上的特征点，投影到左、右摄像机成像平面上，有且只有唯一的对应点，在左右图像上一一对应。

（3）一致性约束。三维空间上的特征点，投影到左、右摄像机成像平面上，相对位置不变。例如，如果左摄像机成像平面中的特征点位于左摄像机成像平面的左上角，那么与其匹配的特征点也应该位于右边摄像机成像平面的左上角。

（4）相似性约束。根据摄像机的成像原理可知，三维空间的物体投影到左、右摄像机成像平面上，其形状具有相似性。光照、明暗度及噪声等原因，会对相似性约束产生负影响。

（5）视差平滑性约束。如果三维空间中物体表面平滑，那么除非投影图像在边界处外，局部的视差也应该是平滑的。

4.7.9 SGBM 匹配算法

SGBM（Semi-global Block Matching）匹配算法属于半全局匹配算法，综合了其他两种匹配算法的优势，该算法分为预处理、代价计算、动态规划、后处理四个步骤。

（1）预处理。SGBM 立体匹配算法利用水平 Sobel 算子，对被测图片进行预处理，所用到的算法公式如下：

$$Sobel(x,y) = 2[P(x+1) - P(x-1,y)] + P(X+1,Y-1) -$$
$$P(x-1,y-1) + P(x+1,y+1) - P(x-1,y+1) \tag{4-45}$$

水平 Sobel 算子（求像素水平方向梯度）对图片的所有的像素点进行处理过后，得到一幅水平梯度图像（P 代表得到的水平梯度图像的像素值）。再将得到的梯度图像经过一次映射变换（P_{NEW} 进过映射变换后的图像像素），映射函数公式如下：

$$P_{NEW} \begin{cases} 0; & P < -preFilterCap \\ P + preFilterCap; & -preFilterCap \leqslant P \leqslant preFilterCap \\ 2 \times preFilterCap; & P \geqslant preFilterCap \end{cases} \tag{4-46}$$

preFilterCap 是固定参数，表示映射滤波器大小。预处理实际上是得到图像的梯度信息，经预处理的图像保存起来，将会用于代价计算。

（2）代价计算。代价由两部分组成：一是对图像经过预处理的梯度信息，经过采样的基本理论获得了梯度代价；二是没经过预处理的原图像利用基本采样理论方法得到的 SAD 代价，公式如下：

$$C(x,y,d) = \sum_{i=-n}^{n} \sum_{j=-n}^{n} |L(x+i,y+j) - R(x+d+i,Y+j)| \tag{4-47}$$

梯度代价、SAD 代价两个代价会被在 SAD 窗口函数内计算得到。

（3）动态规划。

$$L_r(p,d) = C(p,d) + \min(L_r(p-r,d))$$
$$L_r(p-r,d-1) + P_1$$
$$L_r(p-r,d+1) + p_1 \tag{4-48}$$
$$\min_i L_r(p-r,i) + P_2 - \min_k L_r(p-r,k)$$

上面的是确定的四个路径，在里面有两个非常重要的参 P_1 和 P_2 是动态规划的参数。P_1 和 P_2 是动态规划的两个非常重要参数，它们控制视差变化的平滑性，值越大，视差就越平滑。

（4）后处理。后处理包括 3 个步骤：唯一性检测、左右一致性检测、连通区域的检测。后处理主要用于剔除误匹配点。

4.7.10 匹配步骤与结果分析

图像匹配的目的是生成视差图。视差图是由所有匹配点对的横坐标之差作为该像素点的元素值而组成的一幅图像。在实验室环境下，用双目摄像机拍摄一幅双目图像，使用 SGBM 算法进行匹配实验。具体匹配步骤如下：

（1）双目图像校正。在使用 SGBM 算法匹配前，需要对双目图像进行校正。立体校正（对极线校正）是指对左右视图消除畸变，使得左右成像平面共面、对极线行对齐、光轴平行。

在 OpenCV 中，图像校正主要通过调用 stereoRectify（立体校正函数）、initUndistortRectifyMap（产生映射表）、remap（利用映射表，实现立体校正），实现双目图像校正。

（2）获取视差图。双目图像经过立体校正后，已实现像素行对准（同一个像素在两幅图像中的行数相同）。通过在 OpenCV 中调用 SGBM 算法，逐行搜索同一个特征点（世界坐标系中的点）在两幅图像中对应的像素点，完成立体匹配。在两幅图像中，两个对应的像素点的横坐标之差，即为该点的视差值。

SGBM 算法以结构体的形式保存在 OpenCV 中，无法直接调用，必须以指针的形式进行访问。在 SGBM 算法中，主要有 5 个重要参数：minDisparity 表示左图中的像素点在右图匹配搜索的起点位置，默认值一般取 0；numDisparities 表示双目图像中视差搜索范围，其值应为 16 的整数倍，取 80；blockSize 代表 SAD 代价计算窗口尺寸，取 16；P_1 表示视差变化 1 个单位时，相邻像素点的惩罚系数，P_2 代表视差变化大于 1 个单位时，相邻像素点的惩罚系数，P_1 和 P_2 依据 blockSize 取值。根据双目图像的距离、位姿等信息，调用 $SGBM$ 算法，并调整以上 5 个参数，得到噪点、误匹配较少的视差图。

经过调用立体匹配算法，得到了双目图像的视差图。该视差图基本保留了墙壁上的相框信息，达到了预期效果。由于墙壁纯白色，没有明显特征点，因此除了相框的其他部位，没有匹配到特征点（视差图纯黑色区域）。该视差图的相框部位，存在少量的空洞，需要将空洞填补上。

（3）三维模型显示。在得到双目图像的视差图后，基于三角测量原理，可方便地计算出匹配点对（双目图像中对应的两个像素点）的三维坐标。一幅视差图即可得到一组点云数据。再应用 OpenGL 库，三角剖分使点云数据网格化，纹理贴图粘贴纹理图片后，即可完成三维重建。该模型大致反应除了相框部位的信息，在非相框部位（白色墙壁）由于没有匹配到特征点，故无法显示。但该模型还存在较大的畸变，需要对匹配点做进一步的修正。

4.8　工作验证与评价

4.8.1　样机总装

机器人样机采用 6061 铝合金加工制作，除减速电动机、升降电动机、丝杠螺母、导轨滑块、轴承、真空轮胎外，其余均为非标设计。车身侧板、升降系统连杆、扩展仓、轮毂等主要零件由铣床铣削而成；车身上下板和升降系统的上下平板由激光切割机切割而成。在完成样机的零部件加工后，进行样机的总装与调试。机器人样机如图 4-33 所示，具体性能参数见表 4-10。

图 4-33　机器人样机（收缩及伸展状态）

表 4-10　　　　　　　　　　　　　　　　机器人样机参数

名称	数值	名称	数值
尺寸（mm）	250×390×500（伸展状态）	最大移动速度（m/min）	34.8
质量（kg）	7.5	工作时间（h）	1.2
满负荷总功率（W）	70	电池容量（mAh）	5300

4.8.2　样机性能试验

（1）基本运动试验。机器人需要在隧道内部完成基本运动，包括前进、后退、转向、原地转向。限于试验条件，在实验室环境下，规划一条有效宽度 0.7m 的水泥路面，对机器人的基本运动进行试验，试验结果见表 4-11。

表 4-11　　　　　　　　　　　　　　　　基本运动验证

基本动作	是否执行正常
前进	执行正常
后退	执行正常
原地转向	执行正常
行进左转	执行正常
行进右转	执行正常

机器人采用四轮差速移动机构，四轮同速时，可实现前进、后退功能；四轮差速时，可实现原地转向、行进左转、行进右转功能。从表 4-11 可知，基本运动达到设计要求，表明该移动机构适用于隧道内部环境。

（2）爬坡试验。在实验室环境下，搭建可用于机器人爬坡的坡道。选用一块 0.7m 宽的木板，依次从小到大改变其坡度，测试机器人的爬坡能力，试验结果见表 4-12。

表 4-12 　　　　　　　　　　　　　　　　　爬坡验证

坡度	是否正常爬坡	坡度	是否正常爬坡
10°	正常	30°	正常
20°	正常	40°	异常

由表 4-12 可知，机器人在木板上最大爬升坡度可以达到 40°。另选用一段坡度为 30°的水泥路面进行测试，机器人完成正常爬坡试验，如图 4-34 所示。

图 4-34　水泥路面爬升测试

爬升测试结果表明，机器人的电动机功率达到设计要求。

（3）图像传输试验由于条件限制，通信方案只进行了地面测试，分别测试地面控制端与移动控制端（机器人本体）在不同距离时，图像传输的质量。

测试结果：两端距离在 1500m 以内时，图像质量清晰稳定；达到 1700m 时，图像质量较差，存在掉帧现象。

5.8G 的无线网桥理论传输距离可达到 5km（无遮挡物）。从测试结果可看出，距离达到 1200m 时，图像质量较差，主要是因为网桥信号穿墙能力较弱，基本需要对视才可以达到理想的传输距离。在地面测试中，不可避免存在遮挡物，使实际传输距离与理想传输距离存在较大差距。

综上，在地面上测试距离 1500m 时，图像质量稳定，未发现有明显丢帧现象。该通信方案还需要在隧道环境中，完成进一步测试。

（4）三维重建试验　由于条件所限，未能在隧道环境下进行重建试验。本次选择实验室走廊（尺寸 1.5m×3m），模拟电缆隧道环境，完成该试验。由于需要拍摄的双目图像较多使用双目摄像机拍摄一段走廊环境的视频，再将视频等间隔提取出单帧的双目图像，完成重建试验。

鉴于隧道环境存在光线较弱的情况，选择傍晚的走廊环境，以 LED 灯作为光源，提取 220 幅走廊的双目图像，得到三维模型，如图 4-35 所示。

图 4-35　走廊不同角度三维模型

由上述三维模型可知，在光线较弱的情况下，墙角和物体存在一定的变形，但仍可分辨出物体的大致轮廓。

选择光线较好的白天，通过提取走廊 120 幅双日图像，得到三维模型，如图 4-36 所示。由上述三维模型可知，该模型的质量较上一个模型更好，物体的轮廓比较清晰。综上，基于视觉的三维重建精度受光线影响较严重。在光线较好的情况下，三维模型可保留物体的大致轮廓，变形较少。该技术可以应用于隧道模型三维重建。

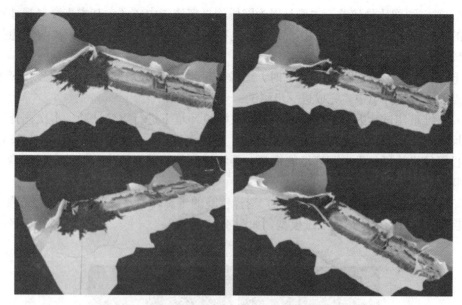

图 4-36　走廊不同角度三维模型

4.9　创新点分析

针对电缆隧道内部环境特点，研制了一款能够代替人工巡检的机器人，可用于巡检电缆破损及隧道内部渗漏、火灾隐患等情况。通过将三维重建技术应用于机器人上，建立隧道内部的三维模型，提高电缆隧道的数字化管理水平，便于后期维护及技术改造。完成的主要工作如下：

（1）借鉴国内外巡检机器人的结构特点，针对电缆隧道内部环境，采用了轮式驱动的技术方案，设计了整体机械结构，利用 SOLIDWORKS 完成了机器人的三维模型设计。

（2）完成了机器人的控制系统设计。综合隧道环境与设计要求，设计了控制系统的总体原理图，将控制系统分为地面控制端和移动控制端两部分。在这两部分之间，使用无线网桥和无线路由器建立一个小型的局域网，实现通信传输。

（3）在双目立体视觉部分，主要完成了双目相机的标定和双目图像的立体匹配。在双目标定部分，基于张正友标定法，使用 MATLAB 双目标定工具箱，得到双目相机的内外参数。在立体匹配部分，基于 SGBM 算法，调用 OpenCV 函数库，完成双目图像的匹配，得到了视差图，并重建出三维模型。

（4）完成了试验样机的加工制作，对试验样机的各项性能进行了试验测试。试验结果表明，该机器人的各项指标达到了设计目标。

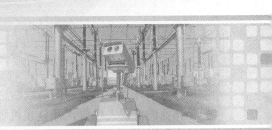

第 5 章

输电铁塔自主攀爬机器人

5.1 项 目 目 标

传统的人工带电作业方式中，有经验的工人可以凭经验对线路进行检修和测试，找到故障点进行修复，但缺点是对工人的技术要求高，人为因素影响大，如果巡检人员责任心不强，素质能力不高就难以保证工作质量，另外，由于输电线路分布范围广，需要的人力消耗大，管理困难，后期进行数据处理也比较困难。同时，由于工作人员处于高电压强电场的威胁中，工作紧张，容易造成人身伤亡事故。因此，需要有更加智能高效的方式替代人力检修，构架电力系统安全防御框架是至关重要的。停电检修是安全可靠的方式，但由于目前经济高速发展，停电在一定程度生会影响工业生产的效率，造成经济损失。如果使用线路机器人就可以带电完成维护检修工作，可有效解决上述问题。

目前国内外对于输电线路巡线机器人的研究很多，主要在于机械结构、运动方式、探测方法和通信管理等方面。而机器人巡线功能的实现还需要借助电力升降车将工作人员送至高处实现机器人的上塔和定位，这种方式只适用于平坦开阔地区，局限性较大，对于崎岖坎坷的山区，施工车很难到达，不仅劳动强度大，而且作业效率低下。基于以上现实背景，根据目前国内输电铁塔结构特点，研究了一种输电铁塔自动攀爬机器人，具有自动爬塔功能，借鉴了仿生学设计其灵活的机械臂，主要实现自主上塔、实时定位，以及摄像头图传等功能。

5.2 国内外研究概况

国内对输电线路巡线机器人研究起步较晚，但随着经济的高速发展，国内各大研究机构对巡线机器人的研究越来越重视，近年来也取得了很大的成果。在国家"863 计划"的支持下，武汉大学、山东大学、中科院沈阳自动化研究所和汉阳供电公司等同时开展了对架空输电线路寻线机器人的研究工作。

中科院沈阳自动化研究对 500kV 地线巡检机器人及巡线机器人自动越障等方面进行了研究。该所研发了一套基于 CLIPS 的混合架构专家系统，克服了众多技术困难如高压远距离下通信、数据传输和控制时效性等难题。该机器人可以在线路上自主运行，自动导航跨越障碍物，并通过摄像头检测线路损伤，并将数据和图像无线传送到地面基站，经过高压试走试验，结果良好。为后来在巡线机器人电源、远程通信、机械结构与控制和数据处理等方面的研究提供了重要经验。武汉大学对巡线机器人的研究工作开展较早，成功研制了应用于直线杆塔段不含耐张塔段的遥控操作小车、蠕动机器人，成功研制出沿 220kV 相线巡检作业的机器人样机，并且在机器人机械结构、控制系统、电能补给等关键技术上取得了阶段性的突破，积累了不少研究经验。其研究的机器人巡检系统以机器人实体为载体，搭载摄像机、红外热成像以及其他仪器，能够沿线路进行巡检巡视，实时将数据图像传到地面基站，实时监测机器人的姿态，所开发的巡线机器人已能在 220～500kV 线路上实际运行。

5.3 项 目 简 介

本项目主要目的是研究并制作一种能实现输电铁塔自主攀爬机器人，为后续的巡线功能打下基础。在现有的输电线路巡检机器人的研究基础之上，结合目前常见的输电铁塔的结构特点，设计了一款能够替代人工登高作业的自主攀爬机器人。

本项目的主要工作如下：

（1）首先通过参考国内外架空线路巡检机器人的研究，结合输电杆塔的结构特点，初步确定该攀爬机器人的总体方案，本文设计的机器人具备自主爬塔、测距定位、摄像头实时拍照以及姿态调整功能。

（2）输电铁塔自主攀爬机器人的机械结构设计，机器人机械结构包括四个仿生机械臂以及身体主干部分。其中机械臂利用仿生学设计原理，模拟人手臂的自由度，利用高精度、大扭矩舵机实现其关节活动，再配合高吸附性的电磁铁在通电时与铁塔桁架产生吸附力，从而实现类似人爬铁塔的功能；机器人的主干部分只是设计成了一个平台，用于搭载硬件电路作为机器人的控制部分。

（3）输电铁塔自主攀爬机器人的硬件电路设计包括核心控制单元的选择，稳压模块的设计和选型，继电器的设计和选型，以及各部分传感器的分析和选型。

（4）机器人控制系统设计，主要包括下位机软件和上位机软件的设计，下位机软件包括各个模块的初始化，机器人数据的接收和发送以及爬行动作的执行。上位机软件主要是串口调试软件的编写，包括参数的配置以及如何实现机器人与上位机时间的数据传输。

5.4 机械结构设计与加工

自主攀爬机器人采用的是四足机器人的结构，利用了仿生学原理，和传统的履带式机器人相比可以跨越较大的障碍（如铁塔上两个桁架之间的距离），并且机器人的机械四足有较大的自由度，能使机器人灵活运动，适应能力更强。

本章研究将电力铁塔自主攀爬机器人的机械结构，主要分成三大部分：四足攀爬机械结构；控制结构承载主体部分和爬塔吸附电磁铁部分，如图 5-1 所示。

机器人的结构由 ProE 软件设计，使用 ProE 三维建模软件完全实现了机械结构的 1∶1 实体建模和虚拟装配。首先，建立所有零部件的三维模型；其次通过软件实现虚拟装配。虚拟设计和虚拟装配使得机械结构在设计阶段就可以及时发现尺寸干涉问题或者其他忽略的潜在问题，避免浪费，提高结构设计的质量和生产效率。

按照 ProE 设计的模型，通过激光切割制作出了几个铝板和亚克力板，组装成机器人的

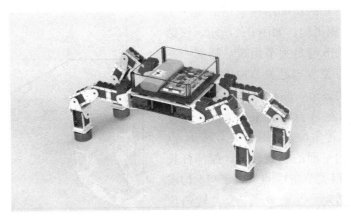

图 5-1　ProE 机械结构三维图

身体部分，身体部分主要有两层，下层用于安装固定机器人的四肢及摄像头，上层用于搭载硬件电路部分，上、下层通过铝板和亚克力板隔开。机器人的四肢主要由舵机和铝板以及亚克力板连接而成，足端安装了电磁铁作为机器人的爬行机构，整体实物图如图 5-2 所示。

图 5-2　机器人整体实物图

5.4.1　机器人腿部结构设计

铁塔攀爬机器人的机械足是其运动的主要部件，也是机器人结构设计的关键部分，对于攀爬机器人的要求是整体结构使得机器人有较低的重心，以保证其运动的平稳性，减少运动的能量消耗及在垂直方向的摆动范围足够大，才能具有良好的适应能力。一般情况下，机器人的腿应该具有至少 3 个自由度，足端才能形成一个较好的三维运动空间，四足机器人的四条腿共有 12 个自由度，各腿之间，腿与机身的姿态之间，腿结构与转向的关系等运动的协调控制等成为技术关键点和难点。铁塔攀爬机器人的四足结构决定了其运动性能，结构设计的好坏也决定了运动特性的好坏，因此，机器人的设计不仅在运动上具有仿生性，在机械结构上也具有仿生性。

通常四足机器人的腿部结构采用的是三个转动的关节 RRR 腿机构，如图 5-3 所示，该结构由髋关节、膝关节与足关节组成。腿部一共有 3 个自由度，膝关节与足关节构成了一个平面，髋关节为主动关节，驱动该平面在一定范围内运动。髋关节在 A 点绕着 y 轴旋转，假设其旋转半径为 r，转角位 α；则膝关节在 B 点绕着 a 与 b 构成的平面的垂线转动，腿部杆长为 a，转角位 β；组关节在 C 点绕着 a 与 b 构成的平面的垂直轴转动，小腿杆长为 c，转角位 γ。由图 5-3 可以建立足端 D 的运动轨迹方程：

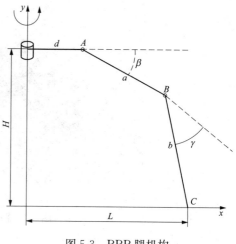

图 5-3　RRR 腿机构

$$X_D = L \cdot \cos\alpha$$
$$Z_D = L \cdot \sin\alpha \tag{5-1}$$
$$Y_D = H$$

其中

$$L = d + a\cos\beta + b\cos(\beta + \gamma); H = a\sin\beta + b\sin(\beta + \gamma) \tag{5-2}$$

设计机器人的结构简图，如图 5-4 所示，机器人每个腿具有三个自由度，四条腿成对称性分布，所以机器人的中心就是其本体结构的几何重心，机器人的腿部为开链式结构，当机器人的三足接触地面或者四个足部接触地面作为支撑时，机器人成为空间并联结构，足部与地面的接触为球面副。依据空间自由度计算，三维空间物体具备 n 个自由度，任意选择其中一个作为参考标准，每个物体都具有六个运动自由度，即沿着直角坐标系三个坐标轴的 3 个移动自由度和绕三个坐标轴的 3 个转动自由度。则 n 个刚性物体相对于参考物的自由度为 6 $(n-1)$，若将所有物体用运动副联结起来，并设第 k 个运动副的约束为 uk，所有物体运动副之间的数目为 M，这时自由度就是机构的自由度，用每个物体自由度之和减去约束的数目，则机构自由度为

$$F = 6(n-1) - \sum_{k-1}^{g} M_k \tag{5-3}$$

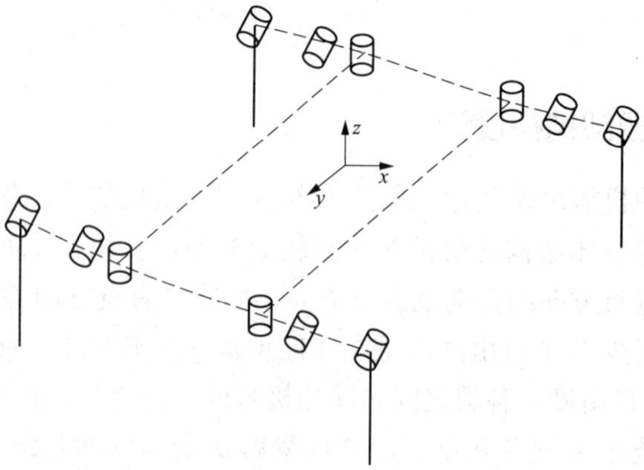

图 5-4　铁塔攀爬四足机器人结构简图

铁塔攀爬机器人在爬行过程中腿部机构会交替运动，所以要求腿部在具有负载的情况下能适应整个机身的质量刚度和一定的负载能力，所以不能单纯模仿爬行动物的腿部结构。因为简单的模仿在刚性和负载能力上很难达到要求。所以机器人腿部结构设计应该满足的要求是：

（1）能够实现一定空间的运动范围，包括水平摆动和垂直抬放运动；

（2）具有一定的刚性和承载能力，以保证爬行的稳定性；

（3）结构不能过于复杂，便于制作、动力分析和控制。

本文设计的机器人每条腿上装有四个舵机，可以通过控制舵机的参数实现机器人关节数量的控制，如图 5-5 所示，连杆 $l_1 = 105\text{mm}$，$l_2 = 85\text{mm}$，$l_3 = 74\text{mm}$，θ_1 代表腿部与机身关节在水平面上转动的角度，θ_2 代表连杆 l_1 与机身水平面的夹角，θ_3 代表连杆 l_2 与连杆 l_1 延长线的夹角。由于舵机数量较多，机器人腿上的自由度最多可达 4 个，但是自由度过多不容易保持机身的平稳和动作调控，因此通过设置参数将舵机 2 和舵机 3 之间的关节固定，使得连杆 l_1 是一个整体，使得足部的自由度下降到 3 个自由度，这样可以提高机器人的灵活性，实现有效爬行，提高了机器人的运动空间。

至此，机器人的腿部结构设计如图 5-6 所示，关节处采用给的是数字舵机，可以实现灵活的转动。

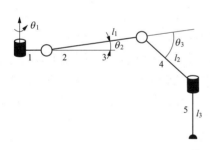

图 5-5 机器人腿部结构

图 5-6 攀爬机器人的腿部结构实物图

5.4.2 机器人机身结构设计

四足爬行机器人一般需要还实现水平方向的运动，那么就需要增加水平方向的自由度，但是自主攀爬机器人只需要实现其攀爬功能，在水平方向的运动不是主要运动，因此不需要过多考虑水平方向自由度的增加。图 5-7 所示将具有三个自由度的腿安装在躯干上，当任意三条腿着陆时，机器人的自由度为 2，当对角腿部着地时，机器人的运动路径为对角线，此种方式虽然使得机器人的运动空间较小，但能够较好实现攀爬动作。

机器人整体上具有 12 个关节，相比于主要用于水平方向运动的 9 关节四足机器人来说，自由度大，结构较为复杂，但是能较好实现攀爬功能，同时采用多个舵机构成的腿部结构能通过调节舵机的参数实现关节数量的控制。

图 5-8 所示为机器人身体结构的侧面图，分为上、下两层，上层用于搭载硬件电路，

下层安装摄像头结构。

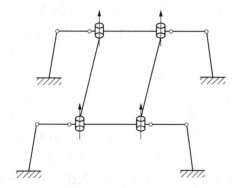

图 5-7 输电铁塔自主攀爬机器人机身结构简图

图 5-8 攀爬机器人机身结构侧面实物图

5.4.3 机器人关节动作器设计

机器人的设计对于空间和尺寸的要求较为严格，在设计机器人关节动作器时需要考虑到尺寸、重量、成本等各方面的因素。通常情况下，机器人的关节动作器一般选用进步电动机或直流伺服电动机，直接输出的力矩小但是尺寸较大，若作为机器人的关节动作器会增大机器人的整体尺寸和质量，对于自主攀爬机器人来说无疑是巨大的漏洞。因此，通过综合考虑，宜选用舵机作为爬塔机器人的关节动作器。舵机是一种小型角度位置伺服电动机，内部带有位置反馈系统，结构小巧，重量轻，安装简易，且输出力矩大，舵机主要是由外壳、电路板、无核心马达、齿轮与位置检测器所构成。其工作原理如图 5-9 所示，由上位机发出信号给舵机，再由电路板上的电路判断转动方向，驱动核心电动机转动，由减速齿轮将力矩传递给输出臂，同时由位置检测器将信号反馈给电路，辨别输出臂是否已经到达指定角度位置。位置检测器由可变电阻组成，当舵机转动时电阻值也会随之改变，只要检测电阻值便可知转动的角度。将其安装在四足爬行机器人的腿部关节和其他水平关节，可以很好地驱动机器人关节转动，同时也不会造成较大的负载。

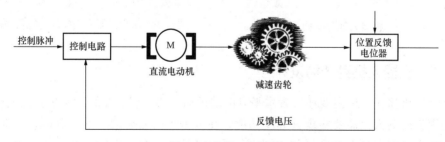

图 5-9 舵机工作原理

舵机的控制信号为脉宽调制（PWM）信号，周期为 20ms，利用占空比的变化改变舵机的位置，图 5-10 中脉冲宽度的变化范围为 0.5～2.5ms，相对应舵机输出臂的位置变化范围为 0～180°，并且呈线性变化。也就是说当输入的 PWM 信号一定时，舵机会保持在一个相对应的角度，就算外界转矩发生变化，舵机的角度也不会改变，除非输入另一个宽度的 PWM 信号，舵机的角度才会发生变化。因此，舵机的控制相对较简单。本文所选用的舵机型号为 SR518 舵机，具体参数见表 5-1。

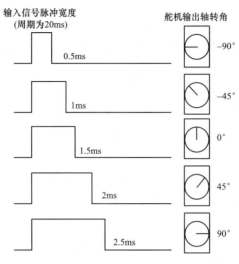

图 5-10　舵机角度控制原理

表 5-1　　　　　　　　　　　　　　　　　　**SR518 舵机参数表**

项目	参数	项目	参数
工作电压（V）	6	减速比	230
质量（g）	7	电动机	空心杯
齿轮材料	MG×6	度（s/60°）	0.13
轴承	BB×2	堵转扭矩（kg·cm）	14.4
空载工作电流（mA）	200.33		

注：MG—金属齿轮；BB—滚珠轴承。

5.4.4　机器人足端吸附结构设计

为了能使机器人能够实现爬塔功能，在机器人足端安装电磁铁，利用铁塔桁架与电磁铁之间的吸附力作为机器人爬塔的主要方式。机器人与桁架吸附时，随着移动方式、吸附状态的变化，其位姿也发生变化，因此，如何保证机器人随着位姿变化仍然能可靠吸附在铁塔桁架上并且灵活运动，需要对电磁铁的磁力调节进行最优控制。本章展开对输电铁塔自主攀爬机器人吸附时受力分析和磁力调节控制。

1. 端磁吸附力确定原则机

机器人在爬塔过程中主要有三种运动状态：

（1）机器人的四足同时吸附在桁架上，四足的吸附力之和必须能保证机器人在任意姿态下安全稳定吸附，并且吸附力不能随时间减小从而使机器人掉落。

（2）机器人缓慢行走时，三足与桁架附着，三个吸附力之和也要保证机器人安全稳定附着在铁塔上。

（3）机器人上爬过程中出现两足与桁架附着，因此，两足提供的吸附力也必须保证其安全稳定附着和不影响其灵活移动。输电线路自主攀爬机器人爬塔功能的实现主要依靠电磁铁与桁架的吸附力，机器人在运动中除了考虑自身重力、摩擦力、下滑力和倾覆力等自身因素外，还需要考虑自然环境中受到的风力、振动力和外来磁场干扰等影响因素。内因和外因产生的综合力应该要保证机器人在运动过程中的安全稳定，因此，电磁铁产生的磁力应该要防止静止和运动过程中可能发生的倾覆和下滑等危险事故。对机器人运动过程的倾覆力分析应该按单足时需要提供的最大磁力进行分析计算。

2. 爬塔机器人运动受力分析

输电铁塔自主攀爬机器人在爬行过程中，其足部的电磁铁与铁塔桁架之间的吸附力在重力方向的分力与重力反向时成为负面吸附，当吸附力在重力方向的分量与重力同向，称为正面吸附，这是因为输电铁塔呈上窄下宽的结构，塔脚主材与地面的夹角在 $70°\sim80°$，由于机器人的爬行面是铁塔外侧，故爬行面与地面夹角在 $110°\sim120°$，机器人此时为正面吸附，因此在爬行过程中可能有下滑的危险。

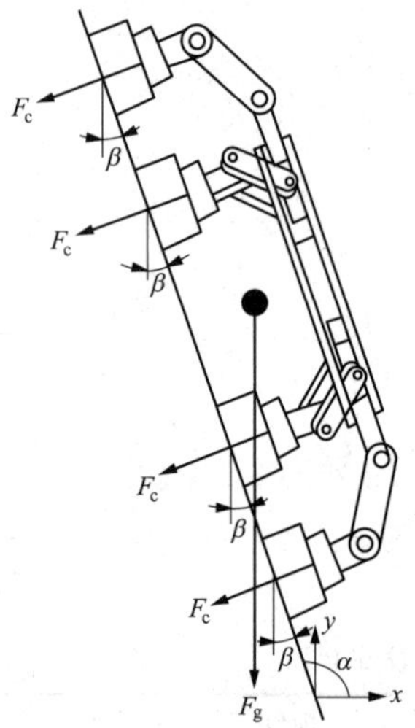

图 5-11 输电铁塔自主攀爬机器人吸附时受力分析

如图 5-11 所示的受力分析，机器人与铁塔正面吸附时，为了使机器人能够安全吸附不下滑，吸附力应该满足的条件为

$$F_f \geqslant F_g \sin\alpha \tag{5-4}$$

$$F_f = \mu F_N \tag{5-5}$$

式中 F_f——输电铁塔自主攀爬机器人与铁塔桁架之间的摩擦力；

  μ——机器人足端与铁塔桁架之间的摩擦系数。即

$$\mu F_N \geqslant F_g \sin\alpha \tag{5-6}$$

$$F_N \geqslant \frac{F_g \sin\alpha}{\mu} \tag{5-7}$$

式中 F_N——铁塔桁架对机器人提供的支持力。

当机器人处于静止状态时：单足提供的电磁吸附力应该满足：

$$F_N = 4F_c - F_g \cos\alpha \tag{5-8}$$

式中 F_c——爬塔机器人单足时与铁塔桁架之间的磁吸附力。

代入式 (5-7) 得

$$4F_c - F_g \cos\alpha > \frac{F_g \sin\alpha}{\mu} \tag{5-9}$$

整理得

$$F_c > \frac{F_g \sin\alpha}{4\mu} + \frac{F_g \cos\alpha}{4} \tag{5-10}$$

当机器人处于爬行状态时，足端的电磁吸附力应该满足

$$F_N = 3F_c - F_g \cos\alpha \tag{5-11}$$

代入式 (5-7) 得

$$3F_c - F_g \cos\alpha > \frac{F_g \sin\alpha}{\mu} \tag{5-12}$$

整理得

$$F_c > \frac{F_g \sin\alpha}{3\mu} + \frac{F_g \cos\alpha}{3} \tag{5-13}$$

当机器人处于快速移动状态时，单足满足的电磁吸附力为

$$F_N = 2F_c - F_g \cos\alpha \tag{5-14}$$

代入式（5-7）得

$$2F_c - F_g \cos\alpha > \frac{F_g \sin\alpha}{\mu} \tag{5-15}$$

整理得

$$F_c > \frac{F_g \sin\alpha}{2\mu} + \frac{F_g \cos\alpha}{2} \tag{5-16}$$

通过对三种运动状态下爬塔机器人的受力分析可知，在不考虑外界环境因素的条件下，单足磁吸附力的最小值应该满足各种运动状态抗下滑的基本要求，所以要求出三种状态下三足磁吸附力的最小值。

制作的机器人模型重量约为 4kg（包括控制部分的单片机等构件），摩擦系数 $\mu = 1.1$，参照图 5-11 分析的攀爬机器人受力模型，输电铁塔塔脚主材爬行面与地面夹角一般在 $110°\sim120°$，因此，在三种运动状态下机器人单足受到的电磁吸附力公式（5-10），式（5-13）和式（5-16）可以变形为

$$F_c \geqslant \frac{F_g}{4} \sqrt{\frac{\mu^2 + 1}{\mu^2}} \sin(\alpha + \phi) \tag{5-17}$$

$$F_c \geqslant \frac{F_g}{3} \sqrt{\frac{\mu^2 + 1}{\mu^2}} \sin(\alpha + \phi) \tag{5-18}$$

$$F_c \geqslant \frac{F_g}{2} \sqrt{\frac{\mu^2 + 1}{\mu^2}} \sin(\alpha + \phi) \tag{5-19}$$

其中，$\sin\mu = \dfrac{\mu^2}{1+\mu^2}$，$\cos\mu = \dfrac{\mu}{1+\mu^2}$。

5.4.5　输电铁塔自主攀爬机器人足端电磁铁的选择

1. 直流吸盘式电磁铁磁力计算

机器人实现在铁塔上攀爬的功能需要依靠吸附型电磁铁来完成。电磁铁是一种通电时能产生磁场与电磁物质产生吸引力的电器元件，广泛应用于各类智能化设备当中。本文设计的爬塔机器人使用的是直流吸盘式电磁铁，如图 5-12 所示，外形呈圆环形，分为外环、内环和端盖，内外环是一个整体称为衔铁，它们之间的环形槽用于放置铜导线，内环套在机构的轴上用于固定。当通上直流电流时，线圈周围产生磁场，铁芯被磁化，磁力线穿过铁芯、内环、气隙和外环形成了闭合回路。

电磁铁产生的磁力大小与穿过磁极电力线的总面积和气隙中的磁感应强度成正比，假设磁感应强度 B 沿磁极表面均匀分布，则磁力的基本公式为

$$F = \frac{B^2 \cdot S}{2\mu} \tag{5-20}$$

式中　F——电磁力，J/cm；

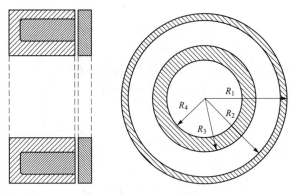

图 5-12　电磁铁结构图

B——磁感应强度，Wb/cm^2；

S——磁极表面总面积，cm^2；

μ——空气磁导系数，通常为 1.25×10^{-8} H/cm。

式（5-17）也称为麦克斯韦公式，把 μ 带入式（5-17），则

$$F=10.2\times\frac{10^{-16}}{2\times1.25\times10^{-8}}B^2\cdot S=\frac{1}{2.5\times10^8}B^2\cdot S=\left(\frac{\phi}{5000}\right)^2\cdot\frac{1}{S} \qquad (5\text{-}21)$$

建立磁路等效模型如图 5-13 所示，需要对电磁模型的结构做如下假设：

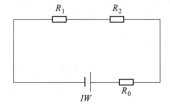

（1）不考虑磁漏影响因素。

（2）电磁铁的安装轴的材料不具有导磁特性。

（3）IW 为线圈产生的磁电动势，R_1 是铁芯的电阻；R_2 是衔铁的电阻；R_0 为气隙电阻。由磁路等效模型可以建立方程：

图 5-13　磁路等效模型

$$\phi_0=IW\left(G_0+\frac{1}{R_1}+\frac{1}{R_2}\right)\times10^8 \qquad (5\text{-}22)$$

由图（5-19）计算气隙磁导：

$$G_0=\mu_0\frac{S_0}{\delta}=\mu\frac{S_1S_2}{\delta(S_1+S_2)} \qquad (5\text{-}23)$$

其中，S_1 是铁芯外圆环的面积，$S_1=\pi(R_1^2-R_2^2)$；S_2 是铁芯内圆环的面积，$S_2=\pi(R_3^2-R_4^2)$；δ 是气隙长度。根据基尔霍夫定理来估计磁通，由于气隙的磁导率相比于铁芯和衔铁要小千倍，因此可以认为所有电动势都在气隙中被消耗了，故式（5-22）可化简为

$$\phi_0=IWG_0\times10^8 \qquad (5\text{-}24)$$

但事实上，铁芯和衔铁也存在磁势降，因此式（5-24）的估计值会比实际情况值大，圆环形电磁铁的气隙较大，可以取实际值 5%，即

$$\phi_0=\phi_0(1-5\%)=IWG_0\times10^8\times(1-5\%) \qquad (5\text{-}25)$$

电磁铁的吸力由内环和外环两部分组成，因此由式（5-21）可得

$$F=\left(\frac{\phi_0}{5000}\right)^2\left(\frac{1}{S_1}+\frac{1}{S_2}\right) \qquad (5\text{-}26)$$

将式（5-23）和式（5-25）代入式（5-26）可得

$$F = 1.77 \times \frac{I^2 W^2 (R_1^2 - R_2^2)(R_3^2 - R_4^2)}{\delta^2 (R_1^2 - R_2^2 + R_3^2 - R_4^2)} \times 10^{-7} \tag{5-27}$$

2. 电磁铁型号选择

电磁铁需要牢固吸附在铁塔上，如果吸附力不够的话就会下滑，一般情况下电磁铁的吸力在 2.5～50kg，如果选择吸力过小，则不能实现攀爬功能，但是选择吸力过大，会使得机器人的整体质量过大，造成浪费，也不利于巡线功能的实现。

本项目选择的直流吸盘式电磁铁型号为 WF-P40，具体参数见表 5-2。

表 5-2　　　　　　　　　　　　**P40/20 电磁铁参数**

项　目	参　数
吸力（kg）	25
电压（V）	DC 12/24
直径（mm）	40
高度（mm）	20
重量（g）	125.5
最大孔距（mm）	5.8

吸盘式电磁铁的工作原理如下：通电时吸盘表面产生电磁场，与导磁体吸附时，吸盘外壳与被吸物体之间产生磁回路，产生吸附力。磁场强度越大，能吸起的物体质量越重。

本章是输电铁塔机器人的机械结构设计，借鉴了仿生学原理，设计了机器人的机械四足，并且对其进行了自由度计算。机器人的机身设计采用的是平行连杆机构，关节动作器采用的是数字舵机，并且对舵机进行了型号选择。最后通过对机器人爬塔过程的吸附力计算，确定了电磁铁的型号。

5.5　输电铁塔自主攀爬机器人电路硬件设计

机器人的动作控制需要有控制中心，机器人身体部分就是用来搭载控制动作的硬件电路作为机器人的"大脑"。

5.5.1　主控电路 STM32F103RCT6 最小系统

输电铁塔自主攀爬机器人控制系统的核心控制芯片采用的是基于 Cortex _M3 内核的 32 位微控制器 STM32F103RCT6，其内部的资源包括：48KB 的闪存、256KB 的静态随机存储器、8 个定时器（2 个基本定时器、2 个高级定时器、4 个通用定时器）、2 个 DMA 控制器（共 12 个通道）、3 个 SPI 接口、2 个 IIC 接口、5 个串行控制口、1 个 USB、1 个高速 CAN 总线、3 个 12 位高精度 ADC、1 个 12 位 DAC、1 个 SDIO 接口及 51 个通用 I/O 口。此芯片资源丰富，可满足绝大多数项目需求。

32 位微控制器采用 3.3V 供电，但是电源电压基本在 12V 左右，为保证系统正常工作，需要对供电电压进行滤波处理而降压，得到稳定的 3.3V 电源为微控制器供电，除此之外芯片需要 0.1uf 的电容进行滤波，芯片主频最高位 72MHz，由 8MHz 的外部晶振经过倍频获得。

同时还需要设计芯片的其他外围电路，例如，程序下载电路和复位电路，此次设计使用 JLINK 的 SW 模式进行程序下载，提高了程序的下载速度。STM32F103RCT6 芯片采用的 64 引脚的贴片封装，引脚之间的距离较近，增加了焊接的难度，所以在绘制芯片封装的时候封装的引脚要比芯片的实际引脚要长，这样方便手工焊接。

在设计中考虑到为了直观地观察到程序的运行情况以及系统的供电情况，设计了相应的 LED 电路。R_3、R_4、R_5 则用于限流，其中 DS3 用于指示系统是否上电，如果给系统供电，DS3 则会亮起；LED0、LED1 用于指示程序执行的情况，方便程序调试。为了便于设置各个参数、调试和了解程序的执行情况，机器人的硬件电路上还设计了 1.9 寸的 OLED、按键等外围电路。

5.5.2 机器人稳压模块

硬件电路中大多数模块的外设电压需要稳定在 3.3～5V，但是其电源来自一块 3S 锂电池，电池在充满电的情况下能达到 12.4V 的稳定电压，因此为了满足系统的电压需求，要将 12V 的电压降低并且稳定在 3.3～5V。

用于稳压的电源芯片分为如下两种类型：开关型稳压芯片和线性稳压芯片。从稳压电路形式看，开关型稳压电源电路中通常用电感，如 LM2596；而线性稳压电源电路中不需要电感，如 TPS7350。从稳压功能上看，线性稳压电源芯片只能降压，输入电压要高于输出电压，而且两者的差别不大，而开关型稳压电源可以把电压升高也可以把电压降低，输入和输出电压之间可以有很大的压差。

STM32 微控制器需要 3.3V 的电源，芯片集成度高，对电源质量要求较高，为了保证主控芯片能稳定的工作，由于线性稳压电源的纹波较小，输出的电压质量高，故用 AMS1117-3.3 设计了一个线性稳压电路为主控芯片供电。而线性稳压芯片输入与输出压差不能太大，而电池电压高达 12V，线性稳压芯片 AMS1117-3.3 不能直接进行稳压到 3.3V，故先用一个开关型稳压芯片 LM2596S-5.0 将 12V 电压降到 5V，再输入给线性稳压芯片 AMS1117-3.3 降到 3.3V，然后给主控芯片供电。

5.5.3 机器人固态继电器控制电路

输电铁塔自主攀爬机器人需要向足端电磁铁供电产生磁力与铁塔吸附，但在运动过程中，只有断电情况下才能使足端与铁塔分离做出上爬动作，因此需要通过电流的通断来控制吸附力。在机器人电路系统中，电磁铁属于高电压、大电流的电器元件，它对电压的稳定性要求不高，不必要经过稳压电路给电磁铁供电，在此次设计它直接连接 3S 锂电池，由电池直接提供电源，但是需要控制电流的通断。继电器是典型的低电压控制高电压的元器件，符合本次设计要求。设计中采用的继电器是固态继电器，而不是传统的机械触点继电器。固态继电器是依靠半导体和电子元件的电磁和光特性来完成隔离和继电切换功能，与传统电磁继电器相比具有工作可靠、无机械触点、开关速度快、无闭合断开时的火花、无噪声、无电磁干扰等优点。固态继电器又分为直流控制直流型、直流控制交流、交流控制直流和交流控制交流等类型，不同类型的继电器又分为不同的电流、电压等级。此次使用的继电器是直流控制直流类型，输入电压范围为 3～24V（DC），输出电压范围为 5～50V（DC），输出级的额定电流为 2A。微控制器的输出电流无法直接驱动继电器，因此需要

一个中间级的电路来驱动继电器。此次设计中选择采
用 KP10104CTLD 光耦，内部结构如图 5-14 所示，1
脚是阳极、2 脚是阴极、3 脚是发射极、4 脚是集电
极。光耦有以下作用：对输入信号和输出电信号起隔
离作用，以及驱动作用，在本次设计中只采用了驱动
的功能。光耦一般由光的发射、光的接收及信号放大
三部分组成。输入的电信号驱动发光二极管（LED）

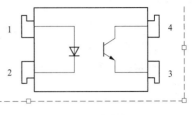

图 5-14　内部结构图

发出一定波长的光，通过光探测器接收产生光电流，经过进一步放大后输出。完成了从电
到光再到电的转换，起到输入、输出和隔离的作用。由于光耦合器输入输出间互相隔离和
电信号传输有单向性的特点，因此具有良好的抗干扰能力和电绝缘能力。又因为光耦合器
的输入端属于电流型工作的低阻元件，具有很强的共模抑制能力。

需要确定光耦输入以及输出级的电阻的大小。根据此型号的数据得到光耦特性，在输
入级电流为 $I_f = 20\text{mA}$ ，正向压降为 1.2V。

则输入级的电阻为

$$R_1 = \frac{V - V_f}{I_f} = \frac{3.3 - 1.2}{20\text{mA}} = 105\Omega \tag{5-28}$$

输出级的发射极与集电极的最大允许电压为 80V，集电极的最大允许电流为 $I_c = 50\text{mA}$ ，如果忽略发射极与集电极之间的压降，则输出级的电阻为

$$R_0 = \frac{V}{I_c} = \frac{5}{50\text{mA}} = 100\Omega \tag{5-29}$$

5.5.4　压力传感器

输电铁塔自动攀爬机器人上塔时需要对足端电磁铁与铁塔桁架之间的吸力进行检测，
防止因吸力不够而出现下滑现象，所以在其足端安装了压力传感器来测量足端压力值，其
主要结构是薄膜应变片，一般有电阻式、压阻式、电感式、电容式等，最常用的是成本低、
精度高的压阻式应变片。薄膜压阻式应变片主要由基体材料、金属应变丝、绝缘层和引出
线组成。

薄膜压阻式应变片的工作原理是金属应变效应，其内部的金属丝受到外界压力时会产
生伸长或者缩短的变形，进而金属丝的电阻值也会发生变化。假设金属丝的长度为 $l(\text{m})$，
截面为 $S(\text{mm}^2)$ ，电阻系数为 $\rho(\Omega \cdot \text{mm}^2 \cdot \text{m}^{-1})$ ，则其电阻的表达式为

$$R = \rho \frac{l}{s} \tag{5-30}$$

当机器人爬塔时，对应变片产生的压力就是电磁铁的吸力 F_c，在吸力的作用下，金属
丝长度变化为 $\text{d}l$，截面变化为 $\text{d}s$，半径变化为 $\text{d}r$，电阻系数 ρ 变化为 $\text{d}\rho$，所以电阻 R 变
化为 $\text{d}R$，将（5-27）式微分得

$$\text{d}R - \frac{\rho}{S}\text{d}l - \frac{\rho l}{S^2} + \frac{1}{S}\text{d}\rho - R\left(\frac{\text{d}l}{l} - \frac{\text{d}S}{S} + \frac{\text{d}\rho}{\rho}\right) \tag{5-31}$$

5.5.5　激光测距模块

输电铁塔自主攀爬机器人目前主要实现的功能是爬到铁塔的一定高度，机器人机身还

没有设置绝缘保护，因此攀爬到塔头部分时需要考虑安全电气距离，防止发生严重的电气事故，所以在自主攀爬过程中需要随时测定与地面之间的距离。目前测量距离的主要手段有超声波测距、红外测距和激光测距等方式。超声波测距通过发射器朝某个方向发射超声波，声波遇到障碍物反射回来，通过测量来回的时间差就可以确定两物体之间的距离，具有高精度、耐脏污等优点，可用于较差的环境中，但是由于铁塔是桁架结构并且是上窄下宽的结构，超声波声束在传播过程中可能会有一部分发射到桁架上并反射回去，得到的距离就不一定是机器人与地面之间的距离，所以在输电铁塔自主攀爬机器人测距系统中不能起到精确测量的作用。而红外测距利用红外线不扩散的特点，也是通过测量红外线遇到障碍物反射回来所用的时间来计算距离，但是红外测距精度较低，被测物体的距离不能太远，方向性差。

与上面两种测距方式相比，激光测距精度较高速度较快，光束集中，不会出现测量多个距离的情况，但是成本也较另外两种方法高。目前常用的激光测距方式有脉冲法和相位法。本文采用的是脉冲法测量，工作原理图如图 5-15 所示，激光器发射激光通过发射望远镜在地面发生反射，放射光束通过接收望远镜和滤光镜到达光

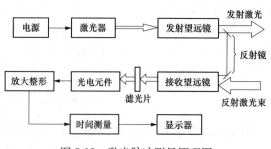

图 5-15　激光脉冲测量原理图

电元件进行处理，最后测量出时间 t，激光测距的基本公式如下：

$$d = \frac{1}{2}ct \tag{5-32}$$

式中　d ——机器人与地面之间的距离，m；

　　　c ——光速，一般为 $3.0 \times 10^8 \text{m/s}$；

　　　t ——光波往返所需时间，s。

5.5.6　摄像头模块

输电铁塔自主攀爬机器人在爬行过程中要将周围的铁塔环境反馈给地面基站，尤其是在高处人眼不容易观察到的地方，及时发现安全隐患，便于施工人员采取措施进行修复，同时后续工作中，机器人实现巡检功能时也需要将作业环境和作业过程通过摄像头实时拍摄，便于管理。本文所设计的机器人摄像头模块的型号是 OV2640，具有体积小、工作电压低和提供单片 UXGA 摄像头和影像处理器等优点。具体参数见表 5-3。

表 5-3　　　　　　　　　　　　　OV2640 摄像头参数

尺寸	27mm×27mm
像素	1600×1200（200W）
输出格式	RGB565/JPEG/YUV/YCbCr
控制接口	SCCB
工作电压	3.3V

5.5.7　姿态检测模块

输电铁塔自主攀爬机器人在爬行运动过程中如果没有方向定位和姿态检测就可能导致路径偏斜，不能实现有效攀爬，因此，在机器人爬行过程中需要安装定位传感器对其姿态位置进行实时检测和调整。常用的定位传感器仅仅能实现测距功能，不能检测机器人的方向，而陀螺仪可以通过机器人的运动获得同步的位姿数据，和其他传感器相比，受到的环境影响因素小，定位准确等优点。

攀爬机器人采用的是以 MPU-6050 为主芯片的陀螺仪运动传感器，它是整合了陀螺仪和加速计的六轴运动处理组件，陀螺仪的工作原理是利用角动量守恒原理，由一个位于轴心的可旋转转子组成，在旋转的过程中，由于转子的角动量，陀螺仪的方向不会改变。

陀螺仪能够实时采集机器人的三轴角速度，并通过计算转化为运动姿态角。四元数作为四元向量能够很好地描述机器人的旋转方向和旋转角度，因此本文采用四元数对机器人姿态角进行分析，将四元数转化为姿态角的过程如下：选取一个参考坐标系 n，机器人自身的坐标系为 b，将两个坐标系分解为绕三个不同的坐标轴的连续转动序列。欧拉角的两次连续旋转要绕不同的转动轴，这样一共有 12 种旋转情况，选取 X-Y-Z 的旋转顺序来描述 b 系与 n 系的关系，X-Y-Z 顺序就是指绕 X 轴旋转俯仰角（PITCH），绕 Y 轴旋转横滚角和绕 Z 轴旋转偏航角。

机器人坐标系 b 与参考坐标系 n 原点重合，绕 x 轴逆时针旋转角，向量 OA 在参考坐标系中的坐标为（X，Y），在机器人坐标系中的坐标为（X'，Y'），经过计算可得出坐标系 b 和坐标系 n 之间的关系。采用四元数对机器人姿态角进行分析，将四元数据转化为姿态角的过程如图 5-16 所示。

本章对输电线路自主攀爬机器人的硬件电路进行设计，包括核心控制模块和电源的选择，压力传感器的计算和选择，测距模块的计算和选择以及位姿检测模块的计算和选择，初步完成了机器人硬件电路的设计和制作。

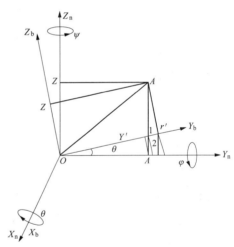

图 5-16　机器人运动坐标系之间的关系

5.6　控　制　系　统

5.6.1　软件系统总体设计

根据输电铁塔自动攀爬机器人的控制方案，设计了机器人的运动控制程序，主要包括：位姿初始化模块、位姿检测模块、通信串口模块等部分构成。图 5-17 所示为主程序设计流程图。软件系统与控制算法设计通过 ARM 提供的 MDK 软件 Keil4.7 进行控制程序的编写与测试，使用 Jlink 给主控板下载程序。

5.6.2 RobotControl 下位机软件的开发

输电铁塔自主攀爬机器人在攀爬过程中需要将采集到的数据实时的传送到控制台，方便工作人员实时的观察。其中包括陀螺仪采集到的位姿数据、激光测距仪测量的机器人离地面的距离，另外机器人上面搭载了摄像头方便采集图像。图 5-18 所示为下位机整体控制流程图。

5.6.3 机器人各个模块初始化

1. 系统初始化

这一部分主要是进行系统的初始化，包括系统时钟的初始化和中断向量的设置。

（1）首先是 RCC ＿ Configuration （），进行了时钟基本的初始化，STM32 具有多个时钟源：

1）HSI 上电默认启动，精度不高；

2）HSE 外部高速时钟经过 PLL 倍频，系统时钟一般采用它；

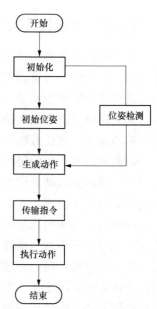

图 5-17 主程序设计流程图

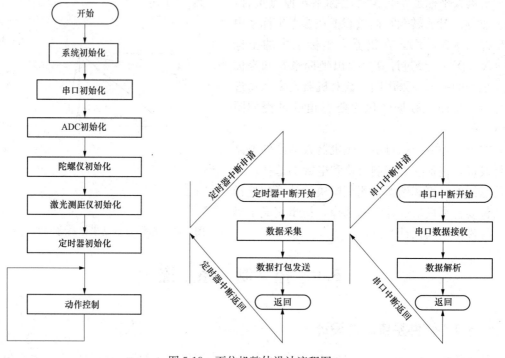

图 5-18 下位机整体设计流程图

3）LSE 外部低速时钟，一般专门用于 RTC；

4）LSI 内部低速时钟，一般用于 IWDGCLK，精度不高。程序中通过 delay ＿ init （）；函数进行系统初始化；delay ＿ init （）；//系统时钟初始化。

（2）中断向量设置。事件可以分为异常和中断，这些通过中断向量表进行管理，编号为 0～15 认为是内核异常，16 及以上称为外部中断。而 STM32 对这个表进行重新编排，编号从－3～6 称为系统异常，其中负值的内核异常不能设置优先级，编号为 7 开始为外部中断，中断的优先级可以自行设置。中断向量具有两个属性，响应式优先级和抢占式优先级，编号越大，优先级越低。如果两个中断抢占式优先级相同，则先执行中断优先级高的。

NVIC＿PriorityGrou 计算机 onfig（NVIC＿PriorityGroup＿2）；//设置 NVIC 中断分组 2：2 位抢占优先级，2 位响应优先级

2. 机器人无线通信串口初始化

串口不仅是 MCU 的外部接口，也是软件的调试手段，它能够将机器人采集到的姿态数据发送到上位机中，因此需要对串口进行配置。STM32 的串口具有资源丰富和功能强大的特点，最多可提供 3 路串口，在此次设计中使用的 STM32F103RCT6 的串口 1 进行数据传输，使用库函数进行串口的初始化需要经过以下几个步骤：

（1）串口时钟使能，GPIO 时钟使能。

（2）串口复位。

（3）GPIO 端口模式设置。

（4）串口参数初始化。

（5）开启中断并且初始化 NVIC（如果需要开启中断才需要这个步骤）。

（6）使能串口。

（7）编写中断处理函数在程序中需要调用如下函数进行串口 1 的初始化 USART1＿Conf（）；//串口 1 初始化 9600（PA9 PA10）。

3. 机器人压力传感器 ADC 模块初始化

STM32 单片机有 1～3 个 ADC，这些 ADC 具有单独使用和双重使用模式。STM32F103RCT6 的 ADC 为 12 位模拟数字转换器，具有 18 个通道，可测量 16 个外部和 2 个内部信号源。各通道的 A/D 转换可以单次、连续扫描或间断模式执行。ADC 的结果可以左对齐或右对齐方式存储在 16 位数据寄存器中。STM32F103RCT6 的 ADC 具有以下特点：

（1）1MHz 转换速率、12 位转换结果，因此读取 ADC 的最大值为 $2^{12}=4096$，在 72MHz 时转换时间为：$1.17\mu s$。

（2）转换范围：0～3.6V，当需要将采集的数据用电压来显示时，设采集的数据为：$x[0\sim4095]$，此时的计算公式就为：$(x/4096)\times3.6$。

（3）ADC 供电要求：2.4～3.6V。

（4）ADC 输入范围：$V_{REF-}\leqslant V_{IN}\leqslant V_{REF+}$。

（5）双重模式（带 2 个 ADC 的设备）：8 种转换模式。

（6）最多有 18 个通道：16 个外部通道，2 个内部通道。

在程序中初始化了 4 路 ADC，其中 2 路用于温度以及 pH 值的采集，剩下的两路方便以后扩展时候，程序中初始化 ADC 的流程如下：

（1）ADC 时钟使能，GPIO 时钟使能。

（2）设置 ADC 的时钟，最大不能超过 14s。

（3）GPIO 端口模式设置，将 ADC 的 I/O 引脚设置为模拟输入模式。

（4）复位 ADC。

（5）初始化 ADC1 参数，设置 ADC1 的工作模式以及规则序列的相关信息。

（6）使能 ADC 并校准。

（7）读取 ADC 值。

在程序中需要调用如下函数进行 4 路 ADC 的初始化 Adc _ Init（）；//4 路 ADC 初始化（计算机 0，1，2，3 作为模拟通道输入引脚）。

4. 机器人关节动作传感器 MPU6050 初始化

机器人在攀爬铁塔的过程中，需要实时进行位姿检测，以防其路线偏离或者掉落。机器人的位姿通过陀螺仪检测角度，再将采集到的信号传送给控制中心，进而对其动作做出调整。进行位姿初始后，需要进行以下 5 个步骤对机器人进行姿态采集：

（1）初始化 IIC 接口。MPU6050 使用 IIC 与 STM32F103ZET6 单片机进行通信，故需要先初始化单片机与 MPU6050 连接的 IIC 数据总线，数据线 SDA 和 SCL 对应的引脚分别为 PB11 和 PB10。

（2）复位 MPU6050。需要把 MPU6050 设置为默认值，往电源管理寄存器 1（地址：0X6B）的第七位写 1，即可将所有寄存器回复默认值。接下来，电源管理寄存器 1 也会回复成默认值（0X40），而需要将该寄存器设置成 0X00 才能唤醒 MPU6050，然后 MPU6050 才能正常工作。

（3）置陀螺仪和加速度计的满量程范围。复位 MPU6050 之后，需要设置陀螺仪和加速度传感器的满量程范围，可通过设置角速度传感器的配置寄存器（0X1B）和加速度计的配置寄存器（0X1C）来设置其满量程。根据实际使用情况，我们将角速度传感器的量程范围设置为 ±2000dps，加速度传感器的量程误差范围设置为 ±2g。

（4）设置 MPU6050 的其他参数。

（5）配置系统时钟源然后使能陀螺仪和加速度计。

经过上面的几个步骤配置 MPU6050，然后就可以通过 IIC 总线对 MPU6050 的陀螺仪和加速度计的原始数据进行读取。但是这一堆 MPU6050 的原始数据对机器人控制用处不大，要控制机器人爬行路径就要知道机器人的姿态数据，也就是欧拉角：航向角、横滚角和俯仰角。这三个角度即是我们想知道的平衡机器人姿态。要得到这 3 个角度，需要对采集出来的 MPU6050 的原始数据进行处理，即对陀螺仪数据和加速度计数据进行姿态融合计算。

对于姿态计算，这个过程比较复杂，需要用到 MPU6050 内部的 DMP（数字运动处理器），可以利用内部的嵌入式运动驱动库，用于姿态计算。运用数字运动处理器和运动驱动库，可以直接采集到的原始数据转换成四元数，然后通过 IIC 总线输出。有了四元数之后，可以通过简单的数学公式由单片机快速的计算出欧拉角，即三个姿态角（yaw、roll 和 pitch）。

由于 MPU6050 内置了数字运动处理器（DMP），进而大大降低了攀爬机器人的姿态角计算代码复杂度。同时单片机不用参与 MPU6050 对原始数据的姿态计算过程，进而减小了单片机的负担，因而单片机可以有更充足的时间去处理其他数据，提高系统实时性。

MPU6050 内部的 DMP 对采集到的原始数据进行姿态解算后通过 IIC 总线输出到单片

机的四元数是 q^{30} 格式的,将四元数的浮点数放大了 2^{30}。因此在解算成欧拉角之前,要先将读取出来的四元数转化为浮点数,即将读出的四元数数据先除以 2^{30},之后再进行欧拉角解算。

5.6.4 机器人数据发送

在定时 1ms 的基础上设计定时中断服务函数,具体实现如下。程序中每 1ms 更新一次陀螺仪 DMP 融合后的数据,每 20ms 发送一次姿态数据,每 2s 发送一次传感器数据,具体发送数据的时间可以根据需求适当修改。

5.6.5 机器人攀爬动作执行

当通过上位机调试好动作参数之后,在下位机中修改动作参数,机器人便执行攀爬动作。此部分实现在 main 入口函数中的 while 大循环程序中,当机器人足部的接近开关检测到靠近铁塔时,电磁铁通电吸附,此次足部的压力传感器不断检测压力数值,如果判断吸附牢固,则继续执行下一个攀爬动作,如果没有吸附牢固,为了防止机器人从铁塔上掉下来,需要继续微调足部姿态,直至机器人完全吸附到铁塔上。

5.6.6 RobotControl 上位机控制软件的开发

输电铁塔自主攀爬机器人采用的是 STM32 单片机作为主处理器,采用的是电脑端上位机软件作为控制终端。电脑端上位机提供了一个远程操作平台,可以调控机器人的姿态。为了便于机器人的调试,利用 Visual Studio 开发了基于 C sharp 语言的上位机控制软件。控制软件应具备以下几个要求:

(1) 通过与机器人的舵机驱动器相连来实现控制;

(2) 具有参数可调节功能,当机器人结构参数发生变化时,能够生成新的指令;

(3) 能够实时显示传输的指令,以便于调试;

(4) 具有储存指令的功能,能够将调试成功的指令传输给机器人。图 5-19 所示为上位机程序设计流程图。

5.6.7 RobotControl 上位机串口调试软件设计

输电铁塔自主攀爬机器人的串口调试助手是基于 Microsoft Visual Studio 2010,创建的一个 Windows 窗体应用程序,以可视化界面的形式展现在用户面前。界面上所有的图形按键实际上是相应代码的显示,目的是实现友好和便捷的操作界面。串口调试助手软件的设计需要对串口号、波特率、数据位、停止位、校验位等参数进行设计。如图 5-20 所示,在窗体软件的初始界面上需要对波特率进行罗列选择设计,分别为 300、600、1200、2400、4800、9600、19 200、38 400、115 200bit/s,代表每秒钟传输多少位,并将初始波特率设置为 9600;对数据位进行罗列,分别为 5、6、7、8,并将初始停止位设置为 8;对停止位进行了罗列,分别为 1、1.5、2,并将初始停止位设置为 1;对校验位进行罗列,分别为 0、1、2,初始化设置为 0。

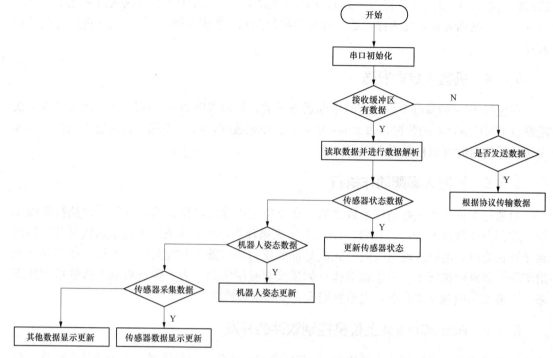

图 5-19　上位机程序设计流程图

　　完成以上参数的设定后，需要实现单片机与调试软件的数据传输，当单片机向上位机发送数据时，上位机需要产生一个响应后进行数据的接收，这个过程是通过以下代码实现的：

sp1. DataReceived＋＝new SerialDataReceivedEventHandler（sp1_DataReceived）；

　　其中 SerialDataReceivedEventHandler 表示串口接收数据，sp1_DataReceived 表示事件发生时的相应函数。为了调试方便在设计时添加了一个 Textbox 控件用于显示接收到的数据。

　　配置了串口的基本参数后，需要实现其接收数据和处理数据的功能，输电铁塔攀爬机器人将实时的位姿参数和激光测距数据进行采集，通过函数 sp1_DataReceived 触发串口调试软件进行数据接收和解析。为了保证数据的完整性，每组数据的接收之间需要有足够的间隔，防止不同组数据之间的干扰，因此在数据接收函数的开头加了一个 100ms 的延时。下位机发送的数据是原始数据，有正有负，但是数据的传输默认为无符号的数值，所以上位机在接收到数据之后需要首先进行数据的转换，将 8 位无符号数转换成 8 位有符号的数。

图 5-20　串口调试助手软件界面

　　在对陀螺仪姿态和传感器数据采集时，下位机按照数据协议向上位机发送数据，具体协议见表 5-4，包括了数据帧头、功能字、数据等。数据传输先判断接收到的数据帧头是否正确，正确时才能进行下一步解析，这样可以提高数据处理的速度，保证传输的准确性。

表 5-4　　　　　　　　　　　　　**下位机向上位机发送数据协议**

帧	帧头	功能字	长度	数据	校验	校验和
ALTITUDE	AAAA	01	NO	int8 ROOL int8	NO	NO
ALTITUDE_SENSOR_STATE	AAAA	02	NO	NO	NO	NO
MPU6050_SENSOR_STATE	AAAA	03	NO	NO	NO	NO
PRESSURE_SENSOR_STATE	AAAA	04	NO	NO	NO	PRESSURE_SENSOR_TATE
PRESSURE_ENSOR_DATA	AAAA	05	4	int8 S1 S2 S3 S4		PRESSURE_SENSOR_DATA

综合以上设计，上位机软件编写形成的窗口界面如图 5-21 所示，左半边是机器人的位姿显示界面，陀螺仪采集到的数据通过无线串口传送到计算机端，在软件上通过角度变化直观显示机器人的位姿；右半边是用来控制舵机的，将机器人四足腿上的 16 个舵机进行编号，直接通过软件上的进度条调节，每个进度条对应着一段控制舵机的程序，使得舵机接收到不同的信号从而输出不同的角度。

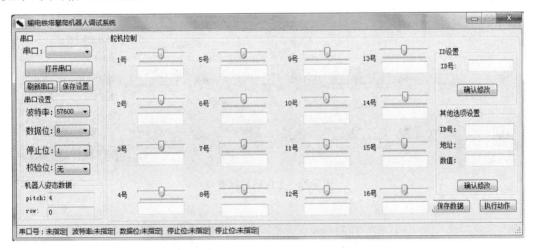

图 5-21　上位机软件界面

5.7　工作验证与评价

5.7.1　上位机调试机器人

上位机向下位机主要发送控制信息，这个过程包括上位机数据的发送及下位机对数据的接收。在程序进行调试的时候，为了保证数据发送的准确性，每组数据发送的间隔需要10ms 的延时，以保证数据完全发送完成，在实际操作过程中此处发送数据不存在大问题。但在数据接收时，常常会发生错误，设计下位机接收数据的思路是在检测一帧数据完全发送成功后再进行读取，但是一帧数据可以是一个字节或者多个字节，而下位机辨别是不是同一帧数据是通过接收到的相邻的两个字节的时间不能超过 10ms，如果超过 10ms 则认为是两帧数据，因为上位机向下位机发送数据存在延时，有时本来是同一帧的数据，但是下位机接收到之后认为是两帧数据，这时命令解析就会出错。最后修改了数据接收的方式，下位机只要接收到一个字节的数据就将其保存，此处设计了一个名为"队列"的数据结构，将其保存在队列中，下位机只要检测到数据到来就将其保存在队列的末尾，同时程序不断地提取队列头部的数据进行解析，使得上述问题得以解决。

为了调试方便，设计了相应的上位机软件。按照通常的调试方法，修改程序下载程序执行程序观察动作执行 à 不满意重新修改程序，这样调试效率极其低下，设计了调试机器人动作的上位机软件，调试时只需要拖动界面中的控制条，如果感觉参数合适，只需要点击界面中的"数据保存"按钮，就可以将参数保存到文本文件中，然后按照保存的数据，在下位机软件中进行参数的修改，这样大大地缩短了调试的时间，提高了调试效率。图5-22所示为上位机调试界面，图 5-23 所示为机器人对应的执行动作。

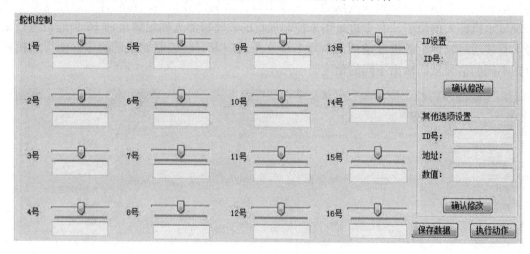

图 5-22　上位机调试界面

图 5-23　机器人执行动作

调试时如果觉得参数合适，可以通过上位机直接保存参数，保存后的参数如图 5-24 所示，其中每一行代表一个动作的各个舵机参数。

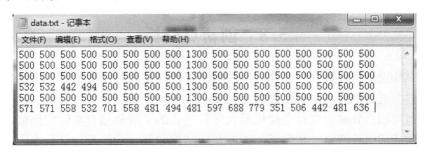

图 5-24　机器人动作执行舵机参数保存

5.7.2　下位机向上位机发送数据

下位机向上位机主要发送传感器数据及姿态数据，机器人上搭载了激光测距传感器以及陀螺仪。激光测距传感器可以实时地检测机器人离地面之间的距离，陀螺仪则可以实时地检测机器人的位姿。下位机采集的数据需要实时的传送到控制台以便工作人员观察。在设计中采用分时段的方式向上位机发送数据，程序中设计了一个定时器。定时时间为 1ms，而且打开了定时中断，每 1ms 都要执行一次定时器中断服务函数，在定时中断服务函数中实现传感器数据的更新及数据的分时发送，具体发送数据的时间可以根据需求适当修改。

下位机将采集到的数据通过无线系统传输到上位机，上位机进行数据的接收以及数据的解析，并且机器人的姿态以及高度数据实时显示。其中当机器人处于初始状态时，上位机显示的姿态数据如图 5-25 所示。

当机器人执行俯仰时，"pitch" 的值实时改变，机器人左右倾斜时，改变的是 "row" 的值，如图 5-26 所示。

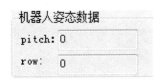

图 5-25　上位机显示机器
人初始状态数据

图 5-26　机器人姿态数据显示

5.7.3　下位机与机械系统的调试

下位机的作用就是在无人为干预的情况下，自动的控制机器人的动作，从而实现攀爬检测任务。在调试机器人的基本动作时通过上位机直接调试，如果参数合适保存数据，在下位机中进行参数的修改，即可实现机器人的自主攀爬。下位机系统就是实时的进行机器人的步态规划、足部压力传感器数据检测、控制电磁铁吸附等。

本章主要介绍了输电铁塔自主攀爬机器人下位机和上位机软件的设计和编写，包括了各部分传感器初始化程序配置和数据的接收和处理，接下来介绍了机器人的各部分动作调试，包括上位机与下位机、下位机与机械结构之间的调试，初步完成了输电铁塔自主攀爬机器人的行走功能，为下一步攀爬调试做了准备。

5.8 创新点分析

从机械结构设计、电路硬件设计和软件系统设计等方面对输电铁塔自主攀爬机器人的设计和制作过程进行阐述，主要结论如下：

（1）通过对国内外输电线路巡检机器人研究现状的了解和结合实际线路修复的现场作业情况，确定了输电铁塔自主攀爬机器人的整体结构和基本功能模块。机器人具备自动爬塔、定位测距、图像采集、姿态检测等功能，能够替代人工登高的危险作业，实现了巡检机器人自主爬塔的功能。

（2）完成了输电铁塔自主攀爬机器人的机械结构设计。机器人主要分为爬行四足和控制平台主体部分。四足的设计采用仿生原理，每条足上有 4 个 SR518 数字舵机，构成了 3 个"关节"，使得每条腿具有三个自由度，此外足端装有电磁铁，通电时产生与铁塔桁架之间的吸附力，也就是机器人爬行的关键部分。

（3）完成了机器人电路硬件设计。机器人主控单元选择的是基于 Cortex _ M3 内核的 32 位微控制器 STM32F103RCT6，对机器人电路硬件的稳压和继电器进行选型，同时配备了激光定位模块、陀螺仪姿态检测模块、摄像头模块等，选择的是锂电池作为系统的电源。

（4）对输电铁塔自主攀爬机器人的控制软件进行编写。机器人通过无线串口与电脑端上位机软件相连，上位机软件可以直接控制机器人的爬行姿态和路径。

（5）完成了机械结构和控制系统的设计与制作后，需要对机器人进行动作调试，对数据舵机的参数进行控制实现机器人的运动，目前由于时间关系，机器人动作调试已完成初步的爬行动作的实现。

第6章

隐蔽工程探测成像装置

6.1 项 目 目 标

随着电网工程建设的力度不断增加，验收过程中如何把关隐蔽工程的施工质量成为验收过程中的重大难题。本项目设计了一种隐蔽工程探测成像装置。该装置可通过发射和接收电磁波以探明地下是否存在隐蔽工程，并通过测量现场的实际情况对隐蔽工程进行成像。该装置优化了隐蔽工程验收的人力物力消耗，使得验收结果得到客观数据支撑，从而很大程度上提高工程验收的效率。

6.2 国内外研究概况

在隐蔽工程的探测上已经有所应用的技术有探地雷达、金属探测器等。其中，自20世纪90年代初探地雷达仪（GPR）引入中国以来，已应用在包括浅层工程地质调查、岩土复杂结构探测、基岩风化带探测、地下管线探测、桥梁及路面铺层质量检测、地下水调查、农业调查、环境调查、军事工程探测及考古探测等领域，且随着电子技术与数字图像处理技术的发展，雷达探测数据后期处理方法也不断得以改进与完善。

利用探地雷达可以获得反映地下管线的GPR成像剖面，配合不断开发的后期数据处理软件，可得到较高分辨率的地下管线的影像，可为非开挖施工提供准确可靠的地下管线分布资料。探地雷达探测方法已在非开挖施工活动中得到了认同，大量的工程实践亦证实了该方法的可操作性。总而言之，无论是国外的雷达产品，或是国内的地质雷达探测仪器，它们均是以电磁雷达波为机理对地下被探测物体实行探测的。由于它们比较的是振动声波或超声波，因此具有频率高、分辨能力强和精度高等特点。

利用探地雷达进行地下管线探测，基本上都是遵循这样一个机械的操作模式：先打印雷达时间剖面图→对雷达剖面进行解释→从图上量测管线位置与深度→AutoCAD绘制解释成果图。这对解释人员的地球物理专业知识及计算机水平提出了更高的要求，在很大程度上限制了探地雷达在非开挖施工领域内的应用与推广。而且，几乎所有的探地雷达系统只能提供数据采集及简单的数据处理功能；这一方面既限制了雷达的使用范围（只局限于专业人员），另一方面其最终成果的表现也无法让现场的施工人员能够轻易理。

而金属探测器在军事方面早有应用，如进行地雷探测。目前，金属探测器已经应用到人们的日常生活中，如机场、车站等安检设备。随着科技的进步，金属探测系统在传感器设计和算法改进两方面取得了长足的发展。

6.3 项 目 简 介

"隐蔽工程探测成像装置"项目以研发一套基于电磁法原理的隐蔽工程探测装置,实现对隐蔽工程的深度探测并进行成像为主要目的。隐蔽工程探测装置主要由探测系统、激光测距系统、中央处理系统、移动端软件组成。通过发射和接收电磁波可以探明地下是否存在隐蔽工程。通过测量现场的实际情况,可以对隐蔽工程进行成像。

6.4 工 作 原 理

6.4.1 总体方案原理

基于瞬变电磁法的金属探测方法作为基本原理设计隐蔽工程探测成像装置。装置采用STM32 微控制器作为主控芯片,系统的基本框架如图 6-1 所示。

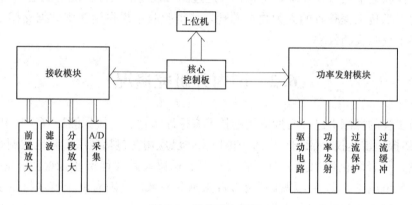

图 6-1 系统基本框图

功率发射模块包含了驱动电路、功率发射、过流保护和过流缓冲,其功能在于核心控制板通过驱动电路驱动功率发射电路进行电磁脉冲的发射,而过流保护和过流缓冲则为该模块提供保护,防止其被过大的电流烧毁。

接收模块包含了前置放大电路、滤波电路、分段放大电路和 A/D 采集模块等。其功能在于在接收线圈接收到反射电磁脉冲后,前置放大电路和分段放大电路对该脉冲信号进行放大,滤波电路将无用频段的干扰信号滤除,A/D 采集模块将滤波放大后的模拟电信号进行数字化采集变成相应的数字量,该数字量传输给核心控制板用于对电磁脉冲信号进行判断处理。

另外,核心控制板通过串口通信模块与上位机相连,将经过初步加工处理的数据传输给上位机,上位机对多次采集的数据进行融合处理,得到用于对隐蔽工程进行成像的模型数据,从而建立出隐蔽工程的三维模型。

6.4.2 装置内部原理

采用移动式智能探测装置,并为其设置识别模块、报警模块和传输模块等功能模块,以满足隐蔽工程现场探测的需求。

探测装置是由高频振荡器、振荡检测器、音频振荡器和功率放大器等部分组成的，并配以电源、指示灯和声响指示器。在实际操作中，具有要考虑以下几点：

（1）利用交流电通过发射线圈产生迅速变化的磁场。

（2）使这个磁场的磁力线穿过金属物体，并在其表面形成涡电流。

（3）涡电流会产生二次磁场，反过来影响原来的磁场、产生仪器能够接收和识别的信号。

（4）信号经过处理和放大，使指示表的指针偏转，并同时驱动声响指示器发出声响信号。

发射线圈的电流会产生一个电磁场，磁场的极性垂直于线圈所在平面。每当电流改变方向，磁场的极性都会随之改变。如果线圈平行于地面，那么磁场的方向会不断地随之改变，随着磁场方向在地下的变化，它会与任何导体目标物发生电磁感应，使得目标物自身产生微弱的磁场。目标物磁场的极性与发射线圈磁场的极性恰好相反。如果发射线圈产生的磁场方向垂直地面向下，则目标物磁场垂直于地面向上。

接收线圈能完全屏蔽发射线圈产生的磁场，但它不会屏蔽从地下目标物传来的磁场。这样一来，当接收线圈位于正在发射磁场的目标物上方时，线圈上就会产生一个微弱的电流。这一电流振荡的频率与目标物磁场的频率相同。另外，接收线圈会放大这一信号，将其传送到金属探测器的控制台，控制台上的元件继而分析这一信号以确定金属的埋深。

6.4.3　电磁法实现原理

金属探测主要基于电磁感应现象和电涡流效应。给电感线圈加一个交变电流，并使线圈附近产生变化的磁场；如果此线圈接近金属物体，则该物体将会发生电涡流效应，产生一个新的磁场；新磁场的方向与线圈产生的磁场方向相反。两个磁场耦合在一起，形成一个以金属线圈为一次绕组，涡流效应产生的线圈为二次绕组的"变压器"。因此，通过一次绕组一侧的参数变化即可对应地探测到二次绕组一侧的参数变化。而瞬变电磁法探测金属则是在电磁感应的基础上发展起来的。探测系统主要由发射装置与接收装置两部分组成。发射装置发射一次场脉冲，被探测金属中会产生感应涡流。当无发射脉冲激励的时候，被检测的金属中的涡流不会立即消失，而是形成随时间衰减的二次磁场。原理如图 6-2 所示，其中 H_P 是发射线圈形成的一次磁场，H_s 是被检测金属物体形成的二次磁场，R_x 是接收线圈用于接收金属产生的二次磁场。

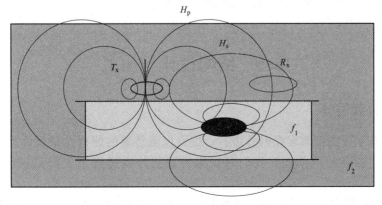

图 6-2　瞬变电磁法探测金属磁场分布图

上述过程基本流程：发射装置发射一次场脉冲→金属产生二次磁场→接收装置检测到二次磁场→核心控制部分进行分析→上位机进行图形显示，原理如图 6-3 所示。

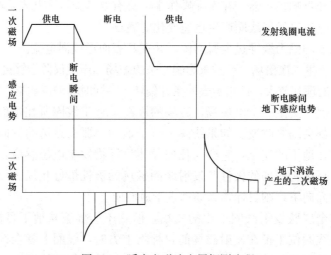

图 6-3　瞬变电磁法金属探测流程

接收线圈接收到的信号经过处理后得到的图如图 6-4 所示，野外采集的数据，是以离散形式记录的，每个测点的信息由几千个数据点组成，仪器主要采集的参数是时间和感应电动势的值。可用软件对野外采集的数据进行图像显示，根据瞬变电磁法的特点，图像的曲线形态大体符合指数衰减。如果所采集的数据不符合这种衰减趋势，有突变的异常点，或者后一个数据点的 Y 值坐标比前一个数据点的大，或者出现急速下降（即台阶形态），则应该进行信号的强干扰剔除。然后计算同点的视电阻率（在地下存在多种岩石的情况下用电阻率法测得的电阻率，不是某一种岩石的真电阻率），然后计算视深度（深度）。

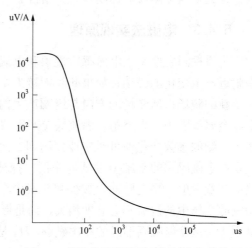

图 6-4　接收信号强度随时间的变化曲线

6.5　结构设计与加工

6.5.1　外观设计

由于对隐蔽工程的探测多在野外进行，提高探测装置的便携性是至关重要的。为了使得装置可以被更加高效地使用，我们对探测装置的外观进行了人机工程设计，如图 6-5 所示。

从图 6-5 中可以看出，装置整体体积较小。整个装置由一根形状经过合理设计的空心铝杆连接起来，并且该铝杆也是可以分成两段从而更加便于拆卸、携带。铝杆的最顶端是一个弯曲的托手，再往下是一段防滑握柄，由这两个组成了一个非常适合测试人员握持并使用的把手。该把手下方是一个控制盒，控制盒向上是 TFT-LCD 显示屏，用于测试过程中显示测试数据和步骤提示；还有一个电源按键，用来启停控制系统。控制盒前方是激光测距模块的前端，用于测量装置与待测试点的距离。控制后的后方是 4 个按键，用于对测试系统和测试过程进行人工控制。另外伸出了一个用来给内部电源充电的 USB 接口，用于在内部电源电量不足时，通过接入 5V USB 电源对其进行充电。

在控制盒下方是控制发射线圈和接收线圈的驱动模块和电流保护模块等。该部分用于控制装置底部的线圈发射或接收磁场，从而完成对金属拉线和金属拉盘的测量，并将数据传输给控制盒内部由微控制器进行计算处理。

本系统采用特定的电路（包括上面提到的 AD 采集电路，放大电路等），然后将电路集成在 PCB 板上，没有外部杂乱的连线，外观整洁高端。为了便于将装置带到验收现场，同时也是为了保护装置在运输过程不被磕碰坏，对装置进行了组装式的设计，在进行运输时，只需简单的几步就可以将装置拆卸成几个独立部分，从而装入定制的带有海绵垫保护的箱子内部。

6.5.2　金属探测系统设计

金属探测系统作为设计电路的主要测量装置，其精度和抗干扰性都是极其重要的。经过比较分析后，选择了 AS964 金属探测器，作为本设计中的金属探测装置，如图 6-6 所示。

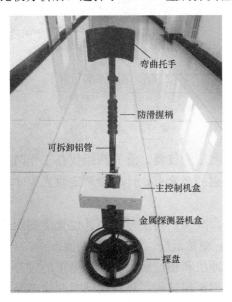

图 6-5　装置外观示意图

图 6-6　金属探测装置实物图

AS964 型金属探测器是应用了国外先进技术及进口元器件制作的改进型新产品，具有探测深度大、定位准确、分辨率强、操作简单等优点。采用先进的地平衡线路设计，能够消除由地质结构复杂引起的"矿化反应"影响，只有在探测到金属时才会发出信号，从而大大提探测深度和准确度。其主要技术参数见表 6-1。

表 6-1 　　　　　　　　　　　　　　　　　　主要技术参数

主要技术参数	参数值
最大探测深度	3m（50cm×50cm×1.2cm 铝板）
操作方式	地平衡/识别
主振频率	3.68MHz
信号频率	7.200kHz
电源	7.4V 锂离子电池 1 块
功耗	1.0W

　　为了达到最好的探测效果，0.1～0.3mm 的铜导线进行线圈的绕制采用（中心回线装置）探测的地下金属耦合效果最佳，得到的信号幅度大而且简单，而且适合做成一体机，线圈设计如图 6-7 所示。

　　其中，外圈是发射线圈，内圈是接收线圈。设计后的探头实物图如图 6-8 所示，经可调节螺母固定在可拆卸金属杆上。

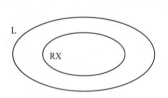

图 6-7　线圈设计示意图

图 6-8　探测头实物图

6.5.3　激光测距模块设计

　　激光测距仪是利用激光对目标的距离进行准确测定的仪器。激光测距仪在工作时向目标发射出一束很细的激光，由光电元件接收目标反射的激光束，计时器测定激光束才发射到接收的时间，计算出从观测者到目标的距离。

　　激光测距仪质量轻、体积小、操作简单速度快而准确，其误差仅为其他光学测距仪的五分之一到数百分之一，因而被广泛用于地形测量，测量云层、飞机等的高度。

　　激光测距仪一般采用两种方式来测量距离：脉冲法和相位法。脉冲法测距的过程是这样的：测距仪发射出的激光经被测物体反射后又被测距仪接收，测距仪同时测量激光的往返时间。光速和往返时间的乘积的一半，就是测距仪与被测物体之间的距离。脉冲法测量距离的精度一般是在±10cm 左右。另外，此类测距仪的测量盲区一般是 1m 左右。

　　激光测距是光波测距中的一种测距方式，如果光以速度 c 在空气中传播，在 A、B 两点间往返一次所需时间为 t，则 A、B 两点间距离可以表示为 $D = ct/2$。由此可知，要测量 A、B 距离实际上是要测量光传播的时间 t。将激光测距仪分为脉冲式和相位式两种的依据就是测量时间方法的不同。

激光测距模块如图 6-9 所示，其定位精度可以达到 1mm 误差，而最大测距范围为 50m，完全满足本系统对测距的要求。当金属探测器探测到地下金属时，控制 STM32 打开激光测距装置，对两个参考点进行激光测距，然后 STM32 记下激光测距模块返回的距离信息，从而获得了当前地下金属所在位置的距离信息。然后，继续探测下一个地下金属所在位置，找到下一个地下金属所在位置后，重复上述操作，获得该地下金属以两个参考点为依据的距离信息，多次重复，就探测当了整个隐蔽工程各个部分之间的位置关系，利用蓝牙将上述位置信息传送给上位机后，辅助三维立体图生成。

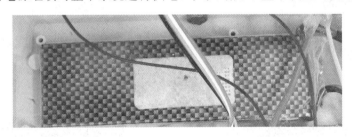

图 6-9　激光测距模块

6.5.4　供电系统设计

本项目采用主供电系统和备用供电系统相结合的方式对整个探测装置进行供电，以满足工作人员野外工作的需求。首先，将一块锂电池内置在主控制机盒中，如图 6-10 所示。同时，又留下一个 USB 供电接口，当锂电池没电的时候，通过该接口使用移动电源继续对整个系统进行供电，大大增加了整个装置的使用时长。

图 6-10　内置锂电池示意图

本装置采用以 LM1117 电源芯片为核心的电压转换系统，将上述锂电池电压或移动电源电压转化为整个系统所需要的 3.3V 电压，同时使用多个滤波电容保证良好的电压质量。

6.5.5　人机交互模块设计

为了在进行隐蔽工程探测的过程中，方便工作人员对测试过程及当前进行步骤有准确把握，我们在装置上安装了一块 TFT-LCD 显示屏，由微控制器 STM32 对其进行驱动，显示不同模式下系统所处的状态参数以及测量系统获得的测量参数，同时配置 4 个独立按键，实现对整个隐蔽工程的启动、模式选择等功能。

本系统将通过 STM32 的普通 I/O 口模拟 8080 总线来控制 TFT-LCD（Thin Film Transistor-Liquid Crystal Display，薄膜晶体管液晶显示器）的显示。TFT-LCD 与无源 TN-LCD、STN-LCD 的简单矩阵不同，它在液晶显示屏的每一个像素上都设置有一个薄膜晶体管，可有效克服非选通时的串扰，使液晶显示屏的静态特性与扫描线数无关，因此大大提高了图像质量，因此，TFT-LCD 也被称为真彩液晶显示器。其分辨率为 320×240，16 位真彩显示。

人机交互界面如图 6-11 所示，模块中四个独立按键功能见表 6-2。

表 6-2 按键功能表

按键	模式	功能
KEY0	Mode0	开启蓝牙，发送数据
KEY1	Mode1	打开激光测距系统
KEY2	Mode2	获取当下的测量数据
KEY3		系统初始化

最终，将显示屏和按键也安装在主控制盒的相应位置，由图 6-11 可以看出整个主控制盒将人机交互部分即显示屏和按键露出，其他模块留出接口或者测量口，整个主控制盒对内部电路模块起到了很好的保护作用，外观也美观大方。探测装置开始工作后，显示屏上将显示之前设计好的用户选择的工作模式界面以及当下系统的工作参数信息，如图 6-12 所示。

图 6-11 人机交互模块实物图

图 6-12 工作界面示意图

6.5.6 蓝牙数据传输模块设计

蓝牙技术是一种尖端的开放式无线通信标准，能够在短距离范围内无线连接手机或计算机等。蓝牙无线技术使用了全球通用的 2.4GHz 频带，以确保能在世界各地通行无阻。

为了实现将 STM32 微控制器测量的数据传输给上位机，本装置采用了 HC-05 蓝牙模块，其专为智能无线数据传输而打造，采用英国 CSR 公司 BlueCore4-Ext 芯片遵循 V2.0＋EDR 蓝牙规范。本模块支持 UART 即串口通信接口，具有成本低、体积小、功耗低、收发灵敏性高等优点，只需配备少许的外围元件就能实现其强大功能，和手机或计算机的蓝牙相连非常方便，从而实现嵌入式微控制器与上位机之间的数据互通。避免了烦琐的线缆连接，可以实现直接替代串口线的功能。并且蓝牙模块具有配对简单的优点，只需初次连接时进行配对，之后使用时则两个蓝牙终端会自动进行连接。

6.6 控 制 系 统

6.6.1 单片机控制系统

以 STM32 微控制器为核心的系统的基本框架如图 6-13 所示。整个隐蔽工程成像硬件系统包括：电源双供电系统、可视化人机交互系统、激光测距定位系统、蓝牙通信系统、金属探测系统以及基于安卓系统编写的手机端 App（上位机）等。

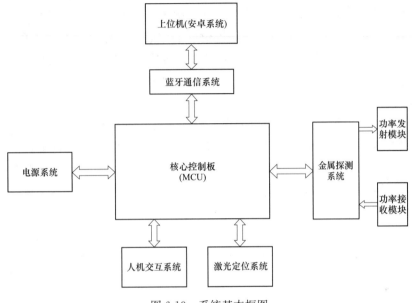

图 6-13 系统基本框图

本系统采用的微控制器是意法半导体公司的 STM32F103 芯片，该芯片为采用目前主流 ARM V7-M 架构的 Cortex-M3 处理器，为 32 位的嵌入式微处理器，与曾经风靡一时的 ARM V4T 架构相比，拥有更加强劲的性能，更高的代码密度和更高的性价比。Cortex-M3 处理器结合多种突破性技术，在低功耗、低成本、高性能三方面具有突破性的创新，使其在嵌入式开发领域得到了广泛的应用。

本装置最终选用的是 STM32F103RCT6 作为微控制器型号，它拥有的资源包括：48KB SRAM、256kB FLASH、2 个基本定时器、4 个通用定时器、2 个高级定时器、2 个 DMA 控制器（共 12 个通道）、3 个 SPI、2 个 IIC、5 个串口、1 个 USB、1 个 CAN、3 个 12 位 ADC、1 个 12 位 DAC、1 个 SDIO 接口，以及 51 个通用 I/O 口。其丰富的外设接口和强大的运算功能为本装置的设计提供了足够的硬件支撑。以 STM32F103RCT6 为控制核心，将除了金属探测系统外的其他电子电路都放置在主控制盒中。

6.6.2 软件控制系统

1. 软件构架

为了更好地将隐蔽工程探测结果数据直观地展示给测试人员，基于安卓系统，开发了隐蔽工程探测程序"DetectorSoftware"。本程序有如下几个优点：

（1）基于安卓系统的智能手机使用率较高，使"DetectorSoftware"程序能更好地适配于现场工作人员。

（2）智能手机的广泛使用简化了"DetectorSoftware"程序的推广应用。

（3）其开源性大大降低了软件的开发难度，安卓相关技术较为成熟，"DetectorSoftware"程序卡死黑屏现象得到有效的抑制。

（4）基于安卓系统的软件开发使用的 Java 编程语言，是一门面向对象的编程语言，不仅吸收了 C＋＋语言的各种优点，还摒弃了 C＋＋里难以理解的多继承、指针等概念，因此 Java 语言使得"DetectorSoftware"程序具有功能强大和简单易用两个特征。

（5）由 Java 语言作为静态面向对象编程语言的代表，能极好地实现了面向对象理论，对于编写桌面应用程序、Web 应用程序和嵌入式系统应用程序等有较好的优化作用，使得"DetectorSoftware"程序的人机互动界面友好，使用操作上手简单。

2. 设计流程

基于以上优点，并根据需求方所提要求，程序架构设计方案如下：

（1）硬件方面，使用 AndroidThings 与 Raspberry Pi 作为硬件支持平台混合编程，通过 A＼D 转换处理模块处理传输数据，以及通过外接小型显示屏的方式提供图形用户界面。利用手机蓝牙功能与隐蔽工程探测程序装置中的微控制器进行连接以实现测量数据实时传输，在接收到 STM32 微控制器传输过来的测量数据后，"DetectorSoftware"程序即可对相关数据进行三维建模。

（2）系统及应用程序，在上述硬件平台中安装 Windows 或 Android 系统，在系统环境测试合格后，安装"DetectorSoftware"程序安装包，即可实现图像显示应用与相关功能。

（3）立体成像架构，3D 建模结合 D3.js 前端技术渲染的方式，仿真拟合出立体图像，即可绘出所探测的隐蔽工程的模型图，并在下方显示相应的数据。并且"DetectorSoftware"程序可为测试人员根据模型图和数据对该隐蔽工程进行验收，体现出直观、操作简单的优点。

架构设计方案流程如图 6-14 所示。依照此架构设计方案，最终经过设备封装后可形成独立移动式探测装置，方便相关探测验收作业的进行。

3. 模型成像设计

隐蔽工程探测装置的目标设定为：一定范围内的地下隐蔽工程，包括电杆地下部分、底盘、卡盘、拉盘、金属拉线，同时希望在成像图中标绘出各关键构件的深度信息。针对此需求，结合实际状况进行如下模型成像设计。

在地下物体探测成像相关实例中，根据回波数据重建图像需要做大量复杂的算法处理工作，同时所重建的图像通常缺乏直观性；且考虑手持设备电磁波覆盖范围极度有限，隐蔽工程各部件尺寸量级均在 m 级单位上，要即时呈现 $10m^2$ 左右范围的图像难度非常大。所以经过调研，采样数据操作采用的方案为：手持探测装置按照标准隐蔽工程构件部署方位图和严格的采点方案对受测区域进行覆盖扫描取点，采点结束后，设备对返回的数据进行 A＼D 转换，进而进行处理成像。

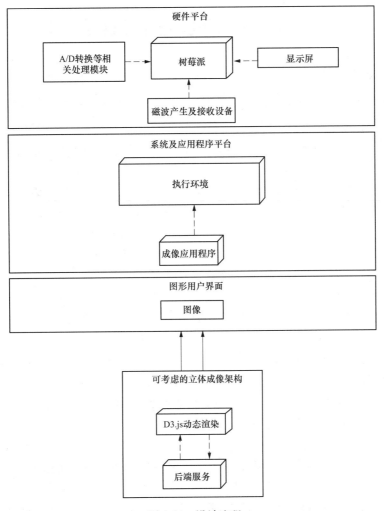

图 6-14 设计流程

对于成像方面，现有的地下物体成像设备案例中，重建出的图像只能够满足探测者观察小范围内有无目标物体及判断目标物体相对位置，成像图中各色块边缘模糊，在价格较高的产品成像实例中也无法对探区内物体进行区分（底盘、卡盘等部件材质为非金属，不能探测区分）。根据现有的技术情况，解决方案是，对探测金属材质数据进行分析，各部件的埋深等数值信息，将关键数据与需方提供的标准部署图结合，拟合出示意图；在成像方面，若条件允许，除二维示意图外还可以考虑 3D 建模结合 D3.js 前端技术渲染的方式，作出立体图像，此方式呈现探测结果可能相对直观，如图6-15 所示。

图 6-15 模型成像举例

6.7 工作验证与评价

6.7.1 使用方法

在探测时，将探盘保持在距地面上方 2.5～5cm 的位置，让探测盘与探测地面平行，平稳挥盘，从而获得最准确的探测结果。

探测时，手握探测器缓步前行，让探测盘在一条直线上左右摆动。根据现场试验情况，速度控制在 0.6～1.5m/s 为最佳。

常规的准确定位需要使用精准定位按键，即将探测盘置于疑似区域边缘，按住定位键后，从左到右挥动探盘，之后再从上到下挥动探盘，寻找信号强度的交叉峰值点。在定位过程中，一旦达到信号峰值点，标尺的目标光标（像素块）会达到一个最大值，同时，警示音也会达到最大音量。采用这种方法沿着放射线的大致方向匀速前进，当处于一条线上的目标光标一直处于最大值时，即说明接地放射线位于探测位置。

在高矿化地和湿沙地环境中使用探测装置，由于含矿量高等，可能会影响装置探测的准确性。如果要减小这些影响，可以调低探测装置的灵敏度和阈值电平，加大探测盘与地面之间的距离。

在土壤干燥或者接地放射线埋设时间比较长的情况下都会使探测效果提升。因为接地放射线长时间埋在地下会逐渐氧化，产生金属锈，并向四周扩散，与周围的土壤发生反应，产生较强的磁场，增加金属面积，进而增大信号强度。埋设时间越久，信号强度就越大，探测深度也会越深。

在探测区内工作时，由于输电线路存在电场，再加上附近有无线信号发射器等装置，会对探测装置产生一定的干扰。在这种情况下，要降低探测装置的灵敏度，调低阈值电平，测试现场图如图 6-16 所示。

图 6-16 现场测试图

6.7.2　系统测试

结合软件设计方案，对"DetectorSoftware"程序测试过程如下：安装"DetectorSoftware"程序，进入操作界面。在任意 Android 系统手机中安装开发好的"DetectorSoftware"程序。安装好后点击 App 图标，即可进入程序，如图 6-17 所示。

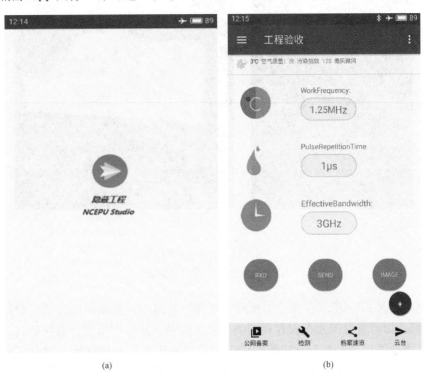

(a)　　　　　　　　　　　　　　(b)

图 6-17　软件界面图

(a) 起始界面；(b) 操作主界面

在程序操作主界面中，可显示出装置实时工作频率、脉冲重复时间、蓝牙有效带宽。打开手机蓝牙，与隐蔽工程探测成像装置蓝牙进行适配，以实现实时数据传递功能。在图 6-18 中，红色椭圆图标内，点击"RXD"为接收成像装置所传递过来的测量数据，点击"SEND"为手机 App 发送相关数据到电脑操作后台，点击"IMAGE"为"DetectorSoftware"程序处理测量数据并成像。

依据图 6-18，点击"EXD"图标接收装置所传递过来的测量数据，后点击"IMAGE"图标，即可对相关数据进行处理并成像，"DetectorSoftware"程序处理数据过程如图 6-18（a）所示，数据处理完后，即可得到成像结果以及相关的测量数据，如图 6-18（b）所示，可得到相关的测量信息。在本次测试中，可得到该探测试验物体地上拉线模式为四方拉线型，其中心托盘边长为 244.0cm，拉盘各边边长都为 246.0cm，拉盘 A 深度为 122.0cm，拉盘 B、C、D 深度为 123.0cm，其地下拉线数目为 2。经过数据处理以及成像，即可直观、具体地呈现出被测物体的结构特征与设计参数，方便工作人员对其进行评估验收。

得到处理后的成像结果以及相关测量分析数据后，其数据缓存于程序的缓存文件夹中。根据相关的检验测试，允许缓存文件的数量为 2，利于程序能流畅地运行。进入"工程验收

(a)

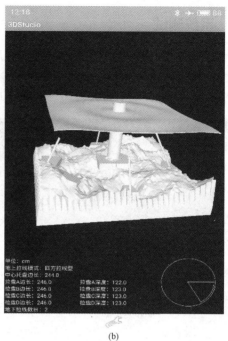

(b)

图 6-18 软件界面图

（a）数据处理界面；（b）成像结果

备案"界面，如图 6-19 所示。在"工程验收备案"界面中，可填写相关的验收结果。点击"录入"图标，即可将结果永久保存在相关手机文件夹，并可同步到计算机后台，实时同步数据分析验收结果。点击左上方按钮即可进入程序操作人员登录界面，可对工程操作进行监督以及软件的版权功能验证。此外，点击图 6-20 主界面中右下角的"档案速览"或"云

图 6-19 工程验收备案

图 6-20 操作人员登录界面

台"按钮,即可分别实现浏览手机保存的测试验收档案条目与实时连接电脑后台并调用相关验收信息。

6.8　创新点分析

(1) 该隐蔽工程探测成像装置采用 STM32 微控制器作为主控芯片,其融高性能、实时性、数字信号处理、低功耗、低电压于一身,同时保持高集成度和开发简易的特点。

(2) 为了可以将隐蔽工程探测的结果直观地展示给测试人员,本系统软件采用安卓系统环境进行开发。目前,基于安卓系统的智能手机已经被广泛地使用,尤其适合进行本系统软件的开发。

(3) 通过建立模型的方法,将埋于地下的隐蔽工程进行三维建模,将其转化为可视化模型,便于验收人员对隐蔽工程进行直观的检测把关。

(4) 将所研制隐蔽工程成像装置应用于现场试验,例如,探测电杆埋深,通过成像检查底盘、卡盘是否安装正确;探测拉线、拉盘的埋深和安装是否符合要求;对变电站站房的基础、室外设备混凝土基座进行探测,并能够检测出混凝土中可能存在的重大缺陷;电缆隧道的日常施工进行检查等。

第7章

电力施工作业现场全过程监控系统

7.1 项 目 目 标

电力建设工程过程中工程的安全管理、施工人员的人身安全是施工过程需要考虑的首要因素。在现行安全管理监督模式下，安全管理人员对于公司每天的施工现场数量、地点等无法准确掌握。电力施工现场虽然设置有普通安全围栏，但部分现场作业人员存在习惯性违章，随意穿越安全围栏，可能误入带电间隔，导致安全事故发生。而对于施工现场安全问题的发现和指出、整改，主要由安全监督人员现场飞检进行，不能做到现场全覆盖、全过程安全监督。

为此我们设计开发了这种电力施工现场作业全过程监控系统，通过与现场作业环境相结合，具有红外探测报警、实时拍照、视频监控、GPS定位等功能，能够实现违章报警、实时观看现场作业行为的目的，进一步规范电力施工作业人员行为。该系统主要用于电力施工现场作业监控，具有携带方便、安装简便、成本合适的优点。

7.2 国内外研究概况

当前，国内在普及物联网，对于智慧工地的研究也有了一定的发展，也多是通过现场视频监控等技术来完成。然而都还不很成熟，对于工地安全施工方面的联网具体形式还有待完善。其中针对电力施工的移动性强，操作区域有限，施工地点多并且不固定等特点的贴切的解决方案也没有形成。因此，我们针对这些电力施工过程中的具体问题，在便携、成本、远程实时传输等方面做了创新，进一步提高施工的智能化、规范化。

7.3 项 目 简 介

本项目所设计的电力施工作业现场全过程监控系统由红外报警、摄像采集、远程实时移动监控、可快速装拆便携底座等模块组成。针对电力施工特点，拥有便携、拆装方便等优点，可以实现管理人员对施工现场的远程、可移动视频监控，对于违章行为可以在第一时间知晓实际情况并且迅速做出回应，提高管理效率。

7.4　工　作　原　理

7.4.1　总体设计

本装置报警与监控装置均为可拆卸设备，携带时可以放置在底座箱中。使用时报警器一端固定，另一端吸附或悬挂在所需范围另一侧，使两者连线隔开危险区；视频采集装置也和报警器并排固定在底座上。

本系统主要由便携底座支架（同时又是装置容纳箱）模块、声光报警模块、摄像与视频传输模块和总控制传输模块四大模块组成：

（1）便携底座支架，采用不锈钢箱体和支架和内衬固定保护。

（2）声光报警模块，采用塑料外壳，移动端内附有锂电电源供电，可依靠强磁吸引或物理悬挂实现固定。

（3）摄像与视频采集模块，单独成为一个系统，摄像头内置舵机，可以远程控制弥补视角限制。

（4）总控制传输模块，内有控制电路板并集成信息传输，报警电话拨打，短信发送以及报警喇叭。

7.4.2　电力施工作业现场全过程监控系统模块部分

1. 便携底座支架部分

箱子外壳及摄像头、报警器支架采用不锈钢作为实现材料，元件固定保护由内衬按照元件几何外形裁剪制成。支架为可伸缩设计，可根据现场需求进行调节。支架与箱子底的连接部分设计为螺旋固定。

2. 声光报警模块

声光报警器分为两部分：发射端和接收端。发射端固定在不锈钢支架上，接收端内置强磁并在外壳后设置有悬挂装置，由此可以不受长度限制，并且方便拆卸与安装。当有施工人员违规跨越时，其会检测到红外信号为无，由此通过无线传输触发报警开关。

3. 摄像与视频采集模块

摄像头固定在支架上，与光电报警装置并排，实时对安全隔离线附近情况进行实时视频采集与无线传输。监管人员通过手机 App 可以随时随地对摄像头所采视频进行查看，对突发情况进行第一时间掌握，并可以远程调节摄像头角度，增大监控视角。

4. 总控制传输模块

该模块集成有警报模块、GPRS、无线操控、稳压模块以及 SIM900A 模块。

（1）警报模块。集成一个警报喇叭，在红外探测器探测到违章后响起，可通过无线操。

（2）GPRS 模块。通过此模块利用 4G 网完成对信息的无线远程。

（3）稳压模块。通过稳压电路实现对电源电压的转换，具体有 220V 转 12V，12V 转 5V，5V 转 3V 三个，实现对不同电压要求设备的供电。

（4）SIM900A 模块。在警报被触发后，可以通过此模块给监管人员拨打电话并发送短信，用以告知现场违章情况。

（5）无线操控模块。可以实现对警报的开关控制。

7.5 结构设计与加工

对于电力施工作业全过程监控系统，其整体结构是用一个外壳将各零件包装于内，实现系统的产品化，同时对各硬件设施实现安全保护，也体现了该监控系统装置的方便可携带能随时安装的特性。

7.5.1 外壳包装结构

外壳包装结构是该监控系统项目的最终实现形式，将底座、红外探测器、摄像头、声光报警器等装置的各零件都装于内，实现项目的产品化与实用化。

包装结构的实现首先要做出内衬的加工图纸然后对内衬进行三维建模，如图 7-1 所示，继而对零部件进行三维建模，如图 7-2 所示，最终得到整体布局图，如图 7-3 所示。

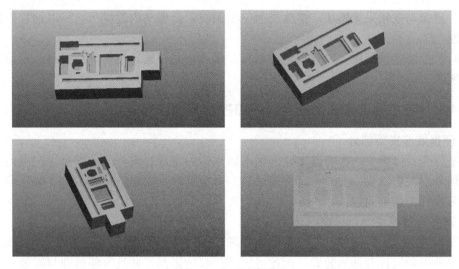

图 7-1 内衬三维建模

图 7-2 零部件三维建模

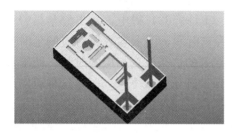
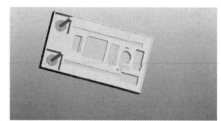

图 7-3　整体布局图

7.5.2　底座设计

底座设计涉及一种可移动式底座，底座的上部架设显示装置，现场监控警示系统还包括助推机构，述助推机构应包括架设在底座上部一侧的一根以上水平推杆。该移动式现场监控警示系统结构设计合理，下底有圆孔，可以安装在安全支架围栏上。其一侧具有磁铁，具有吸附功能，可吸附在开关柜的柜门上。可在远程控制中心和工作现场之间形成良好的信息交互，能够满足各种地理环境和自然环境下的警示和监控需要。

7.5.3　红外探测装置结构设计

主动红外探测器由红外发射机、红外接收机和报警控制器组成。分别置于收、发端的光学系统一般采用的是光学透镜，起到将红外光束聚焦成较细的平行光束的作用，以使红外光的能量能够集中传送。红外光在人眼看不见的光谱范围，因此，有人经过这条无形的封锁线，必然全部或部分遮挡红外光束，接收端输出的电信号的强度会因此产生变化，从而启动报警控制器发出报警信号。主动式红外探测器遇到小动物、树叶、沙尘、雨、雪、雾遮挡则不应报警，人或相当体积的物品遮挡将发生报警。由于光束较窄，收发端安装要牢固可靠，不应受地面震动影响，而发生位移引起误报，光学系统要保持清洁，注意维护保养。主动式探测器所探测的是点到点，而不是一个面的范围，其特点是探测可靠性非常高。

我们选用主动红外探测器进行施工现场的违规检测与报警，装置原理如图 7-4 所示。

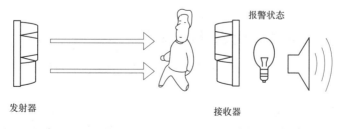

图 7-4　红外探测报警原理图

117

7.5.4 红外线声光报警器装置的结构设计

红外线声光报警电路如图7-5所示，该电路由与门电路、单稳延时电路、四路红外发射与接收电路、触发和二色发光电路、音响报警电路等组成。红外发光二极管 HF1～HF4和红外接收配对管 BG1～BG4（3DU31）组成四对发射、接收警戒线。若有人穿越警戒线，红外光束被遮挡，则相应的配对管截止，相应与非门的输入为高电平，其使 IC3（555）的触发端②脚，即由 D1～D4 组成的与门的输出端获得负微分脉冲，故 555 置位，由③脚输出高电平，使 BG5 饱和导通，从而使芯片 IC4（KD-9562）得电，发出警车报警声。其中 IC3 单稳电路的延时宽度 $t_d = 1.1Rw1R3$ 决定音响时间，图示参数所对应的延时报警时间约为 100s。同时，根据具体情况可通过改变 W、C 的值来改变相应的时间。稳压管 DW 采用 2CW7 或 2CW10，稳压范围在 3V 左右，以保护音乐集成 KD-9562，这样可防止其因过压（电压过高）而烧毁。芯片 KD-9562 是八模拟声音响集成电路，可根据使用场合及用途而选择相应乐曲。芯片 LM386 是单电源音频功放集成电路。用于扩大报警音响的范围。F1-1～F1-6，F2-1～F2-6 采用六反相器 CD4069。二色发光二极管 LED1～LED4 采用 2EF303，正常情况下发出绿色光，有人穿越警戒线时，发出告警红光。

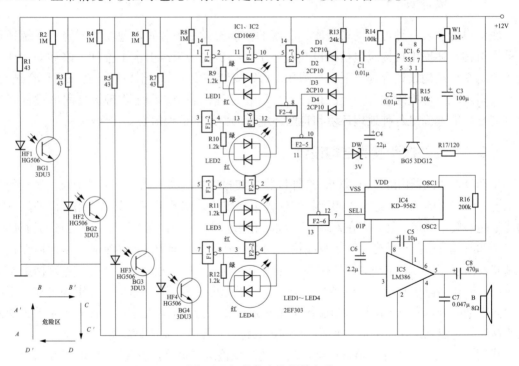

图 7-5 红外线声光报警电路

7.5.5 摄像头拍照录像装置的结构设计

4G 无线视频监控系统由视频信息采集压缩系统、无线数据传输系统和监控管理中心三部分组成。

1. 音视频信息采集系统

前端摄像头连接背负式 4G 视频服务器，同时 4G 视频服务器提供音频输入和输出端口，连接耳机和耳麦，4G 视频服务器可以外接电源或由锂电池供电。

4G 视频服务器是集音、视频采集、音视频压缩编码、网络传输、WEB Server、输入输出控制、存储转发等功能于一体的网络视频传输设备。4G 视频编码器可以接入各种模拟摄像头，将模拟音、视频信号转换为压缩音视频数据流，再通过网络传输到计算机上解码显示或通过视频解码器还原为电视信号显示。4G 视频服务器负责把摄像机的模拟视频信号转变成数字信号，同时进行压缩，另外也传输控制信号，视频编解码器内置 4G 网卡，通过网线连接到无线设备上，编码压缩处理后的监控信息通过 4G 无线网络汇集到监控管理中心，监控中心能看到各监控点的实时状况，监控人员也可通过手机端监控中心局域网或 Internet 远程实时浏览视频图像。

为充分保证每个监控点的带宽，采用 H.264 的编码标准，带宽占用较低，并可实现图像的优质传输和存储，而且传输距离较远，适用于广阔区域的监控。

2. 无线传输系统

系统采用以 TDSCDMA、WCDMA、EVDO 为主的移动通信系统，作为信息传输平台，利用计算机网络作为信息收发平台，实现报警数据、现场图像数据、状态数据，以及语音数据的双向传输与分布式访问。

3. 监控管理中心

监控管理中心负责接收各监控点通过 3G 网络传输过来的视频信息，控制中心可以通过电视监视器显示各现场监控点的图像信息，也可在通过电视墙进行图像的实时监控，并进行数码录像，用户登录管理 App，控制信号的协调，视频数据可同时存入存储服务器，进行录像的存储、检索、回放、备份、恢复等。监控人员可以通过手机端访问存储服务器查询回放视频录像。

4. 网络拓扑图

网络拓扑图如图 7-6 所示。

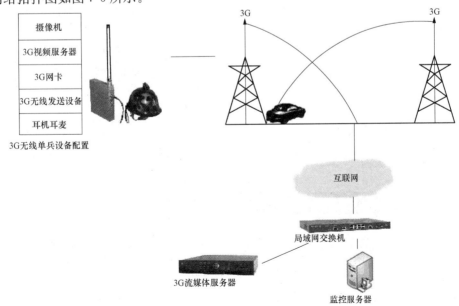

图 7-6　摄像头监控装置原理图

电力机器人创新设计与制作

7.6 控 制 系 统

电力施工作业全过程监控系统的控制系统由手机终端 App、STM32 单片机、树莓派三部分组成。监控人员手机 App 主要用于对视频、图片的调用及处理，如发现违规现象即启动声光报警器；D 单片机通过电路设计，在收到红外探测器的报警信号后能够控制声光报警并且将图片及视频上传至监督人员手机 App；树莓派用以对摄像头图像的采集处理并进行终端显示，实时管理视频及图像信息。三部分相辅相成，缺一不可。

7.6.1 手机终端 App 的设计

手机终端 App 用以对电力施工作业现场的实时了解及控制，如图 7-7 所示。一方面，其可以实时查看录像信息了解施工现场作业情况；另一方面其可以接收到报警电话及短信，并能与施工现场监控设备交流，实现不在现场也能对现场进行控制。

1. 设备查询展示

监控人员可以一目了然的查看各个监控点部署的所有监控设备的详细信息。以便有针对地进行监控。监控终端程序向数据转发服务器请求设备信息，并在终端 App 界面列表显示所有监控设备的详细信息及运行状态。

2. 视频监控展示

监控人员需要观察到监控点的实时情况，以便达到监控的主要目标。监控终端程序向数据转发服务器发送报文，请求指定的网络摄像机视频，收到回应后，接收转发过来的流媒体数据，并在展示窗口进行播放实时监控视频。

图 7-7　手机端 App 功能界面（一）

图 7-7　手机端 App 功能界面（二）

3. 云台控制展示

在实时监控的基础上，想得到更多更自由的监控目标，需要增加对网络摄像机的手动控制功能。在监控视频已经播放的前提下，监控终端可通过控制窗口对网络摄像机进行云台控制，控制选项有上下左右旋转和巡视。点击相应的按钮可执行对应报文发送，并可在展示窗口观察到视频对应的移动。

4. 下发音频展示

监控中心的工作人员需要和监控点的施工人员直接下达命令，或者对闯入禁戒范围的陌生人示警。在监控终端配备麦克风的前提下，音频监控界面提供向监控现场播放音频的操作，按下语音按钮后监控终端把本地音频计算机 M 数据按照 G.729 协议进行压缩并发送至数据转发服务器。由数据转发服务器解压处理，并使用数据转发服务器配备的扬声器进行播放。

5. 监控记录保存

监控中心查看的监控视频和音频都是实时播放的，如果保存下来，可以方便以后检查，以及触发报警的事件跟踪。监控终端程序增加保存视频音频的配置开关和保存位置。保存功能打开时，所有打开的播放数据都在播放的同时存入本地硬盘。

6. 监控记录查询

在发生一些报警事件或异常状况时，可能会需要事发当时的记录，这时可以取出之前保存的监控记录，已做事件分析的依据。终端监控程序的视频和音频展示界面都增加查询按钮，可以按预配置的保存路径读出音频和视频数据，并根据数据的时间排列，可选择目标时间段的记录在界面展示。

7.6.2 主控板实时控制

1. STM32 单片机

STM32 单片机是基于专为要求高性能、低成本、低功耗的嵌入式应用专门设计的 ARM Cortex-M 内核。该芯片功能强大，该系统使用到的功能包括：ADC 转换、PWM 输出、定时器中断、外部触发中断、串口通信、总线通信、液晶驱动、输入捕获等。程序编写时需要考虑引脚的复用问题，各部分功能初始化不能冲突。

2. 树莓派

树莓派为 RaspberryPI 的译名，其采用 ARM11 架构，仅有信用卡般大小，具有强大的系统与接口资源，树莓派的硬件资源及接口系统包括一枚 700MHz 的处理器，512M 内存，支持 SD 卡和 Ethernet，拥有两个 USB 接口，以及 HDMI 和 RCA 输出支持，并且支持 1080P 视频，通过装载相应的 Linux 系统和相应的应用程序，树莓派可以实现强大的应用功能，且具有价廉物美等优点，目前在国内外高端 DIY 开发中应用广泛。

树莓派与单片机工作原理如下：

1. 图像数据采集模块

图像采集模块将摄像头所采集的流媒体数据经过软件解码，改成 JEPG 格式的图片，使用两个 while 循环。外层 while 用于判断电脑和树莓派开发板之间的网口是否处于连接，若两者处于同一网段则说明连接，此时进入内层的 while 循环；如果处于不同网段则说明未连接，此时应发送错误提示。在内层 while 内所要完成的任务包括，验证 socket 数据包的正确性，即检查 socket 包的前 4 个字节得出是否为 JPEG 格式，如果不是，则说明包错误，应该将包丢弃；如果正确，就开始接收数据包，在接收的过程中如果遇到所接收到的数据包的长度小于所显示的数据包的长度，则应将所接收的这个数据包保存下来，等待与所接收到的下个正确的数据包进行拼接，从而得到完整的数据包，工作流程如图 7-8 所示。

2. 图像数据采集模块实现摄像头初始化与图像采集工作

摄像头初始化流程。摄像头初始化流程图如图 7-9 所示，具体的流程说明如下：

（1）初始化摄像头基本寄存器。

（2）调用 I 计算机 AM_Init () 函数，创建内存映射表，初始化网口，并设置 IP，准备好相关程序运行环境。

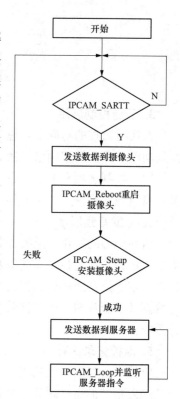

图 7-8 摄像头数据采集流程

（3）调用 I 计算机 AM_Over () 函数，检测内存映射和网口是否初始化完成，若还没完成则继续第二步，若已经完成则继续下一步。

（4）调用 I 计算机 AM_Wait () 函数，像服务端发送消息，以示摄像头已准备好。

（5）循环第 4 步，等待服务端任务。

3. 图像采集模块工作

流程图如图 7-10 所示，具体步骤如下：

（1）服务器端（树莓派），确认摄像头已准备好的情况下，通过网络 TCP/IP 向摄像头发送数据；

（2）摄像头接收数据，接收完后，重启摄像头；

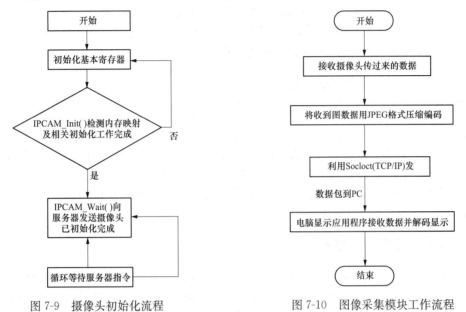

图 7-9　摄像头初始化流程　　　　　　图 7-10　图像采集模块工作流程

（3）重启完成，自动打开摄像头，并向服务器发出信息"摄像头安装成功"；

（4）把经过 jpeg 压缩后的图片数据，发送给服务器；

（5）循环执行第 4 步，监听服务器指令，等待完成服务器的任务：图像数据采集部分的图像压缩工作由 SimpleCV 库函数完成。

4. 树莓派服务器模块

项目的图像服务器直接使用树莓派官方推荐的 Raspbian 系统自带的 SFTP 服务器，SFTP 是一个交互式文件传输程序，它类似于 FTP，但它进行加密传输，比 FTP 有更高的安全性。此外，为了让项目能够更顺利地进行，也更有利于服务器与摄像头之间的数据传输，在项目中还对 Linux 所提供的 SocketAPI 函数进行必要的封装，定制了统一的数据格式，使数据操作更加可靠快捷。

7.7　工作验证与评价

电力施工现场作业全过程监控系统通过对施工现场视频信号的采集、传输，实现管理人员对施工现场的实时监控和自动警示。下面是系统分别在各个工作状态下的功能验证。

7.7.1　视频信息采集功能验证

该工作状态时，前端的高清摄像头对施工现场画面进行录制，树莓派采集摄像头图像并进行终端显示，实现从普通的视频摄像头中捕捉瞬时的视频信号，然后压缩的功能。该模块支持不同的压缩比和图像大小，用户可以根据需要选择不同型号产品。系统的录像启动方式有多种：客户端本地录像、客户端网络录像、按时间计划录像、联动触发录像。

7.7.2 无线传输功能验证

视频采集压缩后就进入无线传输状态。信息传输平台将压缩好的视频图像文件传送到中心：传送的方式是通过租用服务器，系统具有 PPP 拨号过程，并嵌入式地实现了 TCP/IP 协议、POP3/SMTP 协议，同时支持动态 IP。该模块的功能是实现报警数据、现场图像数据、状态数据以及语音数据的双向传输与分布式访问。

7.7.3 解码和回传功能验证

监控中心只要是一台具有公网 IP 或者域名的服务器即可。启动服务后，就等待各个监控终端的连接，并处理各监控点通过服务器传输过来的视频信息。同时还配置了大屏幕拼接墙监视器，一旦前端出现紧急情况，由监控值班人员将前端现场图像切换至监视器大屏上显示。对于始终在线模式的终端，可以按照需要查询当前的图像情况或者自动不停地记录监控点的图像变化。客户端软件能将终端反馈的信息回传到现场进行远程声光警示，实现及时了解、指导现场工作的功能。

7.7.4 监控警示功能验证

该模块功能由单片机实现。红外对射探测器，由红外发射机、红外接收机和报警控制器组成。单片机接收到红外探测器的报警信号后能够控制产生声光报警，并且同时终端会通过服务器将 GPS 信息以及现场的照片传输到用户手机，提醒用户现场施工违规。

7.8 创新点分析

电力施工现场作业全过程监控系统的主要创新点如下：

（1）视频移动侦测技术。本项目中安全监控系统的电子围栏利用视频移动侦测技术设定警戒区域，通过摄像头按照不同帧率采集得到的图像会被 CPU 按照一定算法进行计算和比较，当画面有变化时，计算比较结果得出的数字会超过阈值并指示系统能自动做出相应的处理。该方法使得摄像机同时具有监控和报警功能，且无需架设网络线路和供电线路，不仅降低了成本，还实现了较高的灵敏度。

（2）外形设计使得携带方便。摄像头底座下底有圆孔，可以安装在安全围栏支架上。一侧具有磁铁，具有吸附功能，可吸附在开关柜的柜门上。体积小，携带方便、安装简便，与普通围栏相结合，能够适应不同类型的施工作业。

（3）视频监控与 GPS 定位相结合。通过手机 App 即能掌握每天的施工现场数量、地点等信息并指出作业过程中的不规范行为，提升施工人员的标准化作业水平。

（4）传输方式优化。为了满足长距离的视频传输要求以及考虑到成本问题，舍弃了3G/4G 网络以及局域网传输，直接租用服务器。

系统设计中考虑到今后技术的发展和使用的需要，具有更新、扩充和升级的可能。并根据今后该工程的实际要求扩展系统功能。

在外观设计方面简单易操作且能够适应不同类型的施工作业。

第8章

基于 Lora 扩频的便携式继电保护校验仪

8.1 项目研发背景

按照继电保护技术监督的要求，新投产的或者定期检验的备自投装置、低频低压减载装置，母线保护和主变保护装置等自动化设备，必须经带开关传动试验合格，以确保装置的可靠性和外部回路的正确性。校验工作是为确保在设备因故障等原因断开以后，装置能够正确动作，保证电网的安全可靠。

8.2 国内外研究概况

国际市场尚未出现专用继电保护实验仪检定、校验装置。在国内，有关继电保护实验仪校验技术的研究和校验装置的开发，刚刚引起人们的关注，处于理论研究和准备开发的阶段。目前，继保工作者对新型实验仪校验、检定仍采用校验传统模拟式实验仪的技术和设备，即根据中华人民共和国电力行业标准的要求，对技术指标需分别进行校验，如使用数字式高精度多用表或数字示波器测试电量指标，用高级数字存储示波器测试开关动作时间等。这种方式所需仪器品种多，比较笨重，一次全部带到校验现场十分不便，并且接线、操作复杂，工作效率低，影响了在电网布线现场测试继电保护装置安全运行情况的工作进程，并且全部仪器购置费用也较昂贵。有些经济实力较强的单位则使用精度等级更高的继电保护实验仪对其进行测试、校准，其测试结果受被测装置性能的影响较大，且大都是价格非常昂贵的国外产品。

在国外，工业设备的测试、校准多采用军方淘汰的通用化自动测试系统（TPS）完成，MATE 测试系统，不是开放的通用结构，不能及时采用工业先进的产品，造成费用的增加。目前国内外关于继电保护装置校验辅助装置的研究多集中在一体化测试，不仅包含交流电压、电流输入和输出，同时具有开关量的输入和输出检测，同时基于高精度时间基准，各个输入/输出的时间坐标系也有精确的时序。但是此类设备往往较为笨重、造价昂贵，对于变电站多个并且不在同一物理空间地点的开关量不太适用。

因此，本项目研究一种可进行无线通信的多个开关量采集节点，通过无线通信将多个开关量采集到统一的便携式计算机进行显示，以方便工作人员进行继电保护装置校验，提高工作效率，减小工作强度。

8.3　项　目　简　介

本项目研制了一种便携仪器，即安全自动保护装置校验辅助设备，它包括 1 个主设备单元和 5 个子设备单元。主设备单元和子设备单元通过 433M 无线网络通信。主设备单元和子设备单元内部均有继电器逻辑搭建的模拟断路器，它具有和真实断路器一样的二次控制接口，能够代替真实的高压断路器，接受继电保护装置发来的跳合闸命令，并发送到监控计算机。

1 个主设备单元内的和 5 个子设备单元的模拟断路器的开闭状态均能汇总到平板电脑上。工作人员只要在主控室即可实现所有开关量的状态读取和分析。通过该装置可以验证备自投装置的逻辑及其回路的可靠性、正确性。用于母线保护、低频低压减载装置定检，主变后备保护定检，重复整组试验，年度预试定检等。解决供电可靠性与各自投、母线保护等安全自动保护设备试验之间的矛盾关系，也能在母线保护、备自投及主变后备保护试验中准确验证回路的正确性，减轻工作人员的工作量，提高工作效率。

8.4　工　作　原　理

继电保护装置辅助校验装置整体组成框图如图 8-1 所示，其包括 1 个主设备单元和 5 个完全相同的子设备单元。该装置共有 11 个模拟断路器模块，其中每个子设备单元内部各有1 个，主设备内部有 6 个。

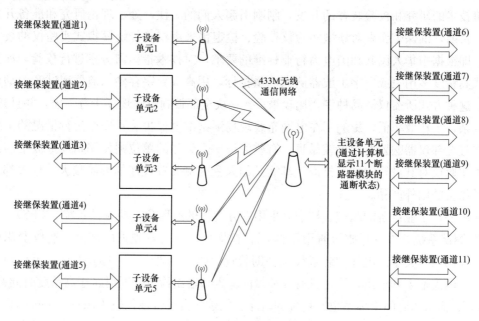

图 8-1　整体组成框图

主设备单元和子设备单元通过 433MHz 无线方式通信。安全自动保护装置校验辅助设备在实际使用时，5 个子设备单元安装在变电站的户外真实高压断路器处，其与主设备单元最远通信距离可达 2000m。主设备单元放置在变电站监控室内，并且其内部有 6 个模拟断路器模块，可在变电站监控室直接连接监控室内保护屏柜，并对安全自动保护设备（如母线保护，备自投以及低频低压减载装置）校验时同时验证多个保护出口的逻辑正确性。

8.5　结构设计与加工

该装置的实物图如图 8-2 所示，子设备单元和主设备单元均采用铝合金箱式外壳结构，方便工作人员携带，也同时防止设备在使用中的机械损坏。使用时，将铝合金箱子打开，并将天线竖在箱子的边缘。五个无线子设备铝箱尺寸为 250mm×200mm×110mm，主设备的箱体尺寸为 450mm×225mm×130mm。

图 8-2　整体实物图

根据该项目的实际需求，确定了采用 433M 的无线方案，同时为了能够模拟实际断路器的回路，采用基于继电器的逻辑回路，为了携带方便并且保证仪器拥有一定的机械强度，本项目采用铝合金箱式结构。

（1）绘制电路板。模拟断路器、子设备单元和主设备单元的电路板均采用 Altium Designe 6.9 软件绘制。首先根据需求绘制电路原理图，电路原理图是绘制电路板的基础。原理图的电气连接关系直接决定 PCB 电路板的连接关系。

绘制完电路原理图后，则将其导入到 PCB 板中，并完成布线连接，如图 8-3～图 8-5 所示。PCB 布线需要考虑电路板的尺寸，抗干扰措施和电路接口放置等。

布线完成后，电路板设计图就完成了，如图 8-6～图 8-8 所示。

（2）焊接电路板。焊接电路板采用烙铁焊接，包括三种模拟断路器、51 单片机控制板和 STM32 单片机控制板。将电路板焊接后好，则进行电路测试。电路测试是将程序烧写到单片机中，并进行上电测试，及时发现设计中的问题或者程序问题并及时修正，测试图如图 8-9 和图 8-10 所示。

（3）机械结构设计制作。电路焊接、测试完成后，则需要设计并制作其外壳结构。结构设计在 Pro/E 软件中进行，首先将电路板、电池、面板、按键、指示灯等元器件进行 1 比 1 建模，并在 Pro/E 中实现虚拟装配，如图 8-11 所示。虚拟装配的好处是在结构设计阶段就能及时发现设计缺陷和装配干涉等问题，减少产品制作时间和经济损失。

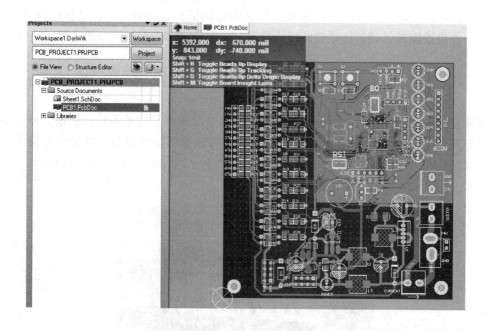

图 8-3　STM32 单片机控制板 PCB 图

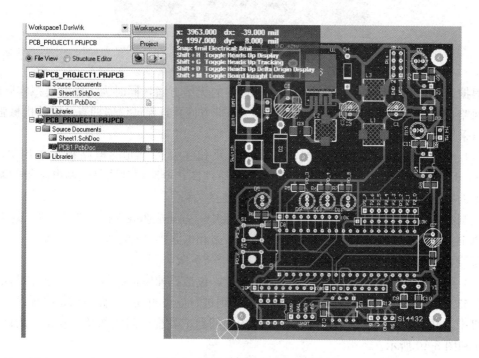

图 8-4　51 单片机控制板 PCB 图

　　主设备单元和子设备单元的面板上均采用直径为 16mm，电压为 24V 的指示灯。同时按钮也采用直径为 16mm 的按钮。端子用于连接变电站保护装置，端子间距为 9.05mm。

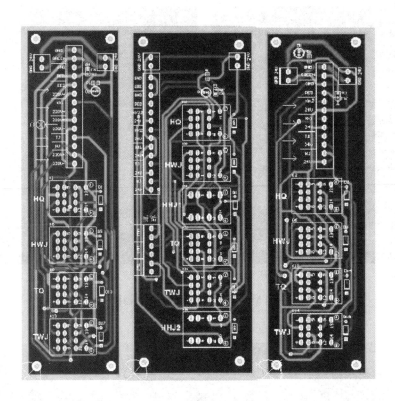

图 8-5　模拟断路器 PCB 电路设计

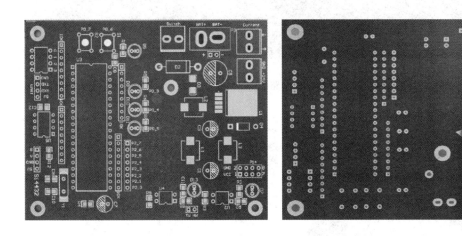

图 8-6　51 单片机控制板 PCB 设计成品

　　设计完成后，需要将所有的电路板安装于铝合金箱体中，并完成连线，如图 8-12 所示。

　　接线完毕后，将面板放入铝合金的箱体中，其成品图如图 8-13 和图 8-14 所示。

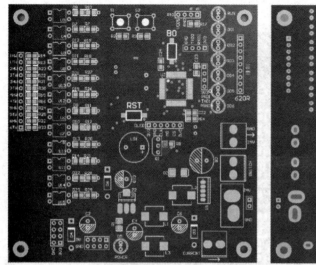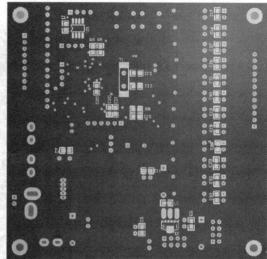

图 8-7　STM32 单片机控制板 PCB 设计图成品

图 8-8　模拟断路器 PCB 图

图 8-9　单片机控制板的测试图

图 8-10　模拟断路器测试

图 8-11　主设备单元的结构设计图

图 8-12　主设备电气连线

图 8-13　主设备成品图

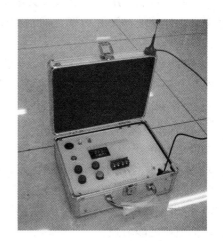

图 8-14　子设备成品图

8.6 控 制 系 统

8.6.1 主设备单元

主设备单元是无线子设备单元的总接收端，使用时只要将它放在变电站监控室即可。主设备单元内部有 6 个模拟断路器模块，用于验证监控室内的设备。5 个无线子设备单元用于验证户外继保设备，因此，本系统共有 11 个模拟断路器模块，主设备单元实物图如图 8-15 所示。

（1）主设备单元整体组成。主设备的组成框图如图 8-16 所示，该装置采用 STM32 单片机作为主控器，通过 433MHz 无线模块获取 5 个子设备单元的模拟断路器状态，并通过光电隔离电路获得 6 个内置的模拟断路器状态。STM32 单片机读取这 11 个断路器状态后通过蓝牙模块发送给平板电脑来显示。

（2）433MHz 无线模块。SI4432 是一款低于 1GHz 高性能射频收发器，主要针对工业、科研和医疗，以及短距离无线通信设备。SI4432 输出功率可达＋20dBm，接收灵敏度达到－121dBm，可提供对数据包处理、数据缓冲 FIFO、接收信号强度指示、空闲信道评估、唤醒定时器、低电压检测、温度传感器、8 位 AD 转换器和通用输入/输出口等功能的硬件支持。

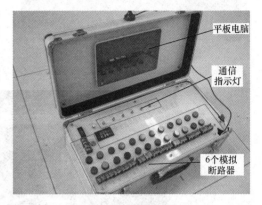

图 8-15 主设备实物图

（标注：平板电脑、通信指示灯、6 个模拟断路器）

本项目采用的无线模块型号是 YL-500IW，其内部采用 SI4432 芯片，其工作频率是 433MHz。它是一款高稳定性，低功耗，高性价比的采用 GFSK 调制方式的无线透明数据收发模块。它不改变用户端的任何数据和协议，完成无线传输数据功能。该模块相对一般模块具有尺寸小、灵敏度高、传输距离远、通信速率高，内部自动完成通信协议转换和数据收发控制等特点。用户可以通过其配套的上位机软件根据自己的需求灵活配置模块的串行速率、工作信道、发射功率、通信速率等参数，其实物图如图 8-17 所示。其具体参数如下：

1）中功率发射，标准 500mW，分 7 级可调低成本，高性能，高可靠性。

2）GFSK 调制方式，半双工通信，空中收/发转换，连接，控制自动完成。

3）工作频段：315/433/490/868/915MHz 等免申请频段。

4）接收灵敏度高达－124dBm，传输距离 3000m 以上，线高度 2m 时，开阔地无干扰情况下可达 4km。

5）发射工作电流小于 550mA，发射功率最高达 29dB。

6）接收工作电流 30mA（可定做 25mA），休眠电流＜10μA。

7）标准配置提供 8 个信道，满足用户多种通信组合方式的需求，用户可通过软件自行配置，信道扩展能力强。

8）通信协议转换及射频收发切换自动完成，用户无须干预，简单易用。

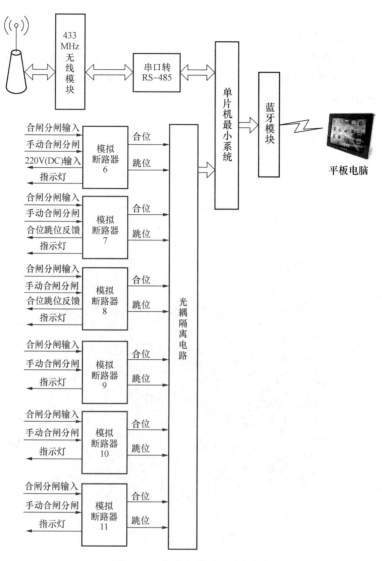

图 8-16　主设备单元组成框图

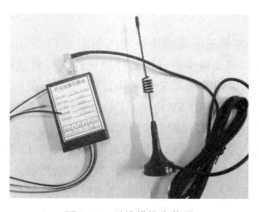

图 8-17　无线模块实物图

9）通信速率 1.2~115.2kbit/s，用户可通过软件配置。

10）生产免调试，宽电压范围工作：4.5~15.5V，工业级应用。

（3）STM32 单片机控制板。主设备单元的控制系统采用 STM32 单片机，其实物图如图 8-18 所示，最左边为主设备内部安装的模拟断路器（模拟断路器 6-11）输入接口，该接口连接各个模拟断路器模块的继电器，并获取其状态。模拟断路器的开关状态通过光电耦合隔离电路传输给 STM32 单片机。主设备单元采用 22.2V 锂电池供电，电源模块的功能是将锂电池电压转换为单片机工作电压。同时，主设备单元控制板还引出有无线模块接口、指示灯接口、蓝牙接口，用来连接 433MHz 无线模块、指示灯和蓝牙模块。

1）无线模块接口：RS-485 接口，单片机通过 RS-485 和无线模块串行通信。

2）指示灯接口：与主设备单元操作面板的指示灯相连。

3）蓝牙接口：连接蓝牙模块，蓝牙模块通过蓝牙接口连接平板电脑。

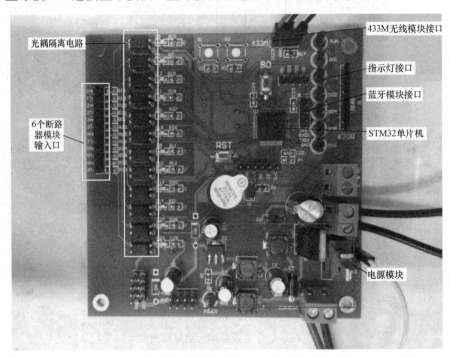

图 8-18　STM32 单片机系统实物图

（4）电源模块。主设备单元电源模块原理图如图 8-19 所示。电源模块采用 LM2596-5.0 稳压芯片，利用该器件只需极少的外围器件便可构成高效稳压电路。图 8-19 中电路是其典型电路。其中 P3 是锂电池的接入 T 型接头；P1 是总开关；D2 用于防反接保护；L1、L3 用于低通滤波，从而产生稳定的 5V 电压。C4、C2 用于去耦滤波；D4 是 TVS 瞬态抑制二极管，其作用是尖峰抑制和浪涌保护。

（5）光电耦合器隔离电路。光电耦合器隔离电路总共有 12 路，12 路隔离电路完全相同，其中一路如图 8-20 所示。主设备单元中有 6 个模拟断路器，每个断路器的跳位合位分别为一路输入，故有 12 路输入。光电耦合器隔离电路的作用是将输入与单片机的 I/O 口彻底隔离开来，从而避免输入端的干扰损害单片机。

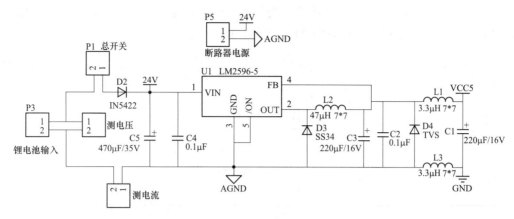

图 8-19　电源模块原理图

（6）STM32 最小系统。STM32 最小系统是能够实现单片机正常运转的最精简系统，STM32 单片机是性价比极高的单片机，其采用 CORTEX-M3 内核，采用 ARM 构架，真正的低功耗，高性能单片机。该单片机处理能力较强，其速度最高到 72MHz，该单片机的外围电路包括复位电路、晶振、去耦电容等。

（7）平板电脑。选择平板电脑作为显示器有两个好处：平板电脑屏幕较大，显示比较直观；平板电脑采用安卓操作系统，编程方式较为成熟，同时其拥有很好的扩展性，例如，增加一次回路直观图或者其他的软件升级较方便，直接写平板软件即可。

（8）HC-06 蓝牙模块。HC-06 蓝牙模块是集成式蓝牙透传模块。该模块的功能是将串口数据转换为蓝牙信号。通过串口指令可以设置蓝牙模块的设备名称和配对密码等。该蓝牙透传模块通过 AT 指令实现设置，主要的 AT 指令包括测试通信、改名称、改波特率和改配对密码，实物图如图 8-21 所示。

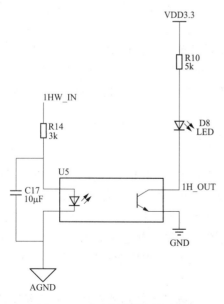

图 8-20　光电耦合器隔离电路

图 8-21　HC-06 蓝牙透传模块

135

（9）主设备软件设计。STM32 单片机控制板的程序采用 Keil MDK 4.12 集成开发环境并通过 C 语言编写，该程序的流程图如图 8-22 所示。

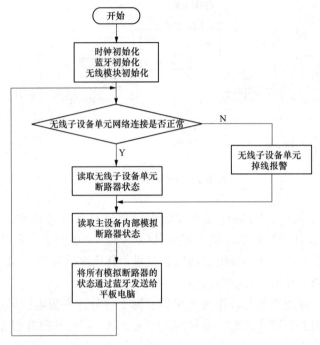

图 8-22 STM32 单片机程序流程图

该程序为一个死循环程序，程序启动后，程序首先进行时钟初始化、蓝牙初始化和无线模块初始化等初始化工作，然后程序进入死循环中。在死循环中，程序依次向 5 个子设备单元发送广播数据包并等待 5 个子设备单元回复，当子设备单元在规定的时间内没有回复时，程序通过发光二极管实现掉线报警。该方式由于采用 433MHz 的公用频段，故采用此方式进行通信，该方式近似于学校课堂上课老师进行点名，点到哪位同学的名字，该同学应答一声"到"，否则认为该同学没来。当无线子设备单元通信正常时，该程序向 5 个无线子设备发送读取断路器状态数据包，并接受子设备返回的数据包，然后程序读取其内部安装的 6 个模拟断路器模块状态，最后程序将这 11 个模拟断路器的状态发送给平板电脑显示。

8.6.2 子设备单元

（1）整体组成。子设备单元共有 5 个，其功能与构成完全相同，其实物图如图 8-23 所示。子设备单元采用箱式结构，其引出有 220V（DC）电源输入端子及合闸跳闸输入端子。将继电保护装置的 220V 电源接入该设备后，220V 指示灯亮，同时，其内部的模拟断路器回路就会接入 220V 电源。该设备的面板上分别设置有开关、电池电源指示灯、运行指示灯、220V 电源指示灯、电池电压电流显示表、合位指示灯、跳位指示灯、手动合闸按钮、手动跳闸按钮、220V（DC）输入端子以及合闸跳闸输入端子。

子设备的组成框图如图 8-24 所示，子设备单元内部有模拟断路器模块。模拟断路器模块通过继电器搭建逻辑回路，该模拟断路器模块设有合闸和跳闸信号输入口、手动跳合闸

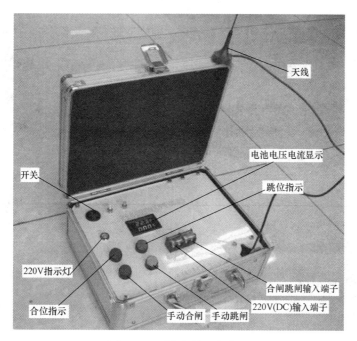

图 8-23　子设备单元实物图

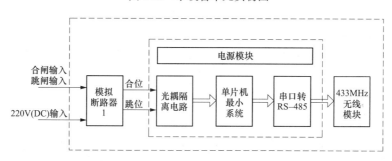

图 8-24　子设备单元框图

按钮和跳合闸指示灯，与真实断路器一样能实现就地分合闸。将该模拟断路器通过有线方式接入真实高压断路器的分合闸回路，就能够代替变电站内的真实高压断路器，接收继电保护装置的跳合闸信号，模拟真实高压断路器动作，并输出开合状态反馈信号。开合状态反馈信号通过光电耦合器隔离电路传输给单片机最小系统，单片机读取内部模拟断路器模块的开合状态，并将开合状态信号通过 433MHz 无线模块发送给主设备单元。

（2）子设备单元模拟断路器。子设备的模拟断路器与模拟断路器 6 完全相同，其采用 220V（DC）供电，用来接入户外断路器处。

（3）控制板电路硬件。控制板电路硬件包括电源模块、光电耦合器隔离电路、单片机最小系统、串口转 RS-485 电路等，如图 8-25 所示。电源模块将 22.2V 的电池电压转为 5V 电压供整个系统使用，模拟断路器的合位跳位信号通过光电耦合器隔离电路传入 51 单片机中，光电耦合器隔离电路采用 PC817 芯片，该电路与主设备单元的光电耦合器隔离电路相同，该信号通过串口转 RS-485 电路传输给 433M 无线模块。光电耦合器隔离电路采用 PC817 光电耦合器隔离芯片，串口转 RS-485 电路采用 MAX485 芯片。

光耦隔离电路　　　　　　　　单片机最小系统　　　　　串口转485

电源模块

图 8-25　子设备单元电路板

（4）子设备软件设计。子设备控制板的软件采用 C 语言编写，其执行芯片为 51 单片机，具体型号为 STC89C52RC，流程图如图 8-26 所示。该程序也是一个死循环程序，程序完成基本的初始化后就进入死循环。

（1）通过串口检查是否收到主设备的广播数据包，广播数据包是主设备发送的用于检验设备通信情况的数据包，每个子设备都会收到这个数据包，当程序收到这个数据包后，就会向主设备返回一个应答数据包。

（2）程序检测是否收到主设备发送的读取断路器状态数据包，当收到后，程序通过 IO 口读取断路器的状态（合位、跳位或者复位态），然后向主设备发送数据包。

（3）程序返回到检测是否收到主设备广播数据包处，从而进入下一个循环。

8.6.3　模拟断路器

（1）模拟断路器 1～6。模拟断路器 1～6 共有 6 个模拟断路器，6 个电路完全相同。模拟断路器编号 1～6，是采用 220V（DC）继电

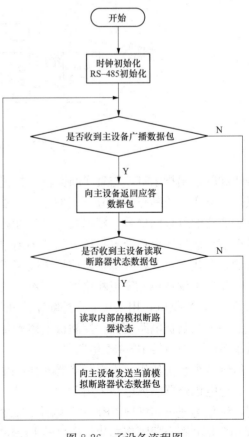

图 8-26　子设备流程图

器搭建的逻辑电路，能够模拟真实的断路器，拥有手动合闸、手动跳闸、合位跳位指示、合位跳位线圈等输入/输出口。其电气原理图如图 8-27 所示。该模拟断路器的 220V 直流电压来自变电站保护装置。主设备单元上引出有端子来实现连接。该模拟断路器和保护装置的端子连接有 4 个，分别是 220V＋、220V－、合闸输入、分闸输入。上电后，该模拟断路器处于复位状态，既不是合位也不是跳位。此时按合闸按钮后，LC 得电，从而使得 KCP 得电并自锁，KCP 得电后，其动断触点断开，故 LC 失电。KCP 是合位继电器线圈，KCP 得电表示该模拟断路器从复位态到合位状态。当按下分闸按钮时，LT 得电，LT 的动断触点断开，从而 KCP 失电，LT 的动合触点闭合，从而 KTP 得电并自锁。KTP 的动断出点断开，从而 LT 失电。KTP 是跳位继电器线圈，表示该模拟断路器的跳位状态。该模拟断路器设置多个互锁来实现逻辑的完整性。当保护装置输出合闸信号（保护装置通过合闸端子向模拟断路器输出 220V 直流合闸信号），此时由于 KTP 是得电状态，故其动合触点为闭合状态，且 LT、KCP 的动断触点为闭合状态，故此时 LC 会得电，LC 得电后，KCP 得电并自锁，同时 KTP 失电。断路器由跳位转为合位。当保护装置输出分闸信号时，此时由于断路器为合位状态，KCP 的动合触点闭合，同时 LC、KTP 的动断触点为闭合状态，故 LT 得电，KCP 失电，KTP 得电并自锁。断路器由合位转为跳位。该模拟断路器的合位、跳位通过辅助触点传给 STM32 单片机模块，实物图如图 8-28 所示。继电器采用有 4 组动断、动合触点的欧姆龙 220V（DC）小型中间继电器。

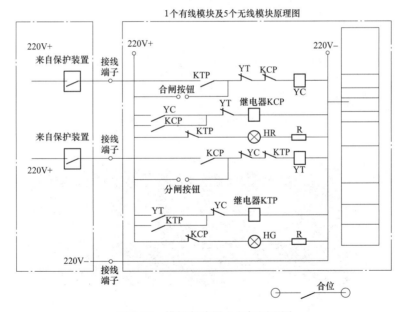

图 8-27　模拟断路器 6 电气原理图

（2）模拟断路器 7 和 8。模拟断路器 7 和 8 完全相同，两者是采用 24V（DC）继电器搭建的逻辑电路。模拟断路器 7 和 8 在功能上与模拟断路器 6 功能相似，不同的地方是采用 24V（DC）电压，同时有断路器合后位输出，该断路器主要用于测试备自投装置，其电气原理图如图 8-29 所示，实物图如图 8-30 所示，采用的是德力西 24V（DC）继电器和欧姆龙 24V（DC）继电器。

图 8-28　模拟断路器 6 实物图

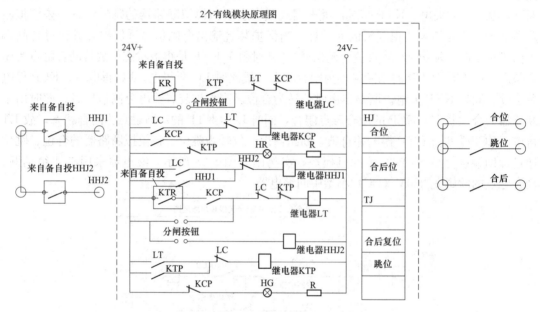

图 8-29　模拟断路器 7 或 8 电气原理图

图 8-30　模拟断路器 7 或 8 实物图

模拟断路器 7 和 8 的电气原理图与 6 类似，但是多了合后位的输出。当通过手动合闸按钮合闸或者通过手动分闸按钮分闸后，模拟断路器处于合位或者跳位。当断路器初始状态为合位状态时，若备自投装置或者其他保护装置自动输出跳闸信号时，断路器通过继电器切换到跳位状态，并且合后位也置位。此时即使保护装置输出合位信号，并且断路器也切换到合位，但是合后位依然保持。只有当手动跳闸按钮被按下后，才可以复位合后位。合后位是当断路器发生跳闸事件时，可以区分是自动跳闸还是手动跳闸。

（3）模拟断路器 9～11。模拟断路器 9～11 电路完全相同，其与断路器 6 唯一的不同是采用 24V（DC）继电器搭建的逻辑电路，原理图如图 8-31 所示。该模拟断路器的 24V 直流电压来自变电站保护装置。主设备单元上引出有端子来实现连接。该模拟断路器和保护装置的端子连接有 4 个，分别是 24V＋、24V－、合闸输入、分闸输入。上电后，该模拟断路器处于复位状态，既不是合位也不是跳位。此时按合闸按钮后，LC 得电，从而使得 KCP 得电并自锁，KCP 得电后，其动断触点断开，故 LC 失电。KCP 是合位继电器线圈，KCP 得电表示该模拟断路器从复位态到合位状态。当按下分闸按钮时，LT 得电，LT 的动断触点断开，从而 KCP 失电，LT 的动合触点闭合，从而 KTP 得电并自锁。KTP 的动断线圈断开，从而 LT 失电。KTP 是跳位继电器线圈，表示该模拟断路器的跳位状态。该模拟断路器设置多个互锁来实现逻辑的完整性。当保护装置输出合闸信号（保护装置通过合闸端子向模拟断路器输出 24V 直流合闸信号），此时由于 KTP 是得电状态，故其动合触点为闭合状态，且 LT、KCP 的动断触点为闭合状态，故此时 LC 会得电，LC 得电后，KCP 得电并自锁，同时 KTP 失电。断路器由跳位转为合位。当保护装置输出分闸信号时，此时由于断路器为合位状态，KCP 的动合触点闭合，同时 LC、KTP 的动断触点为闭合状态，故 LT 得电，KCP 失电，KTP 得电并自锁。断路器由合位转为跳位。该模拟断路器的合位、跳位通过辅助触点传给 STM32 单片机模块，继电器采用欧姆龙 24V（DC）小型中间继电器。

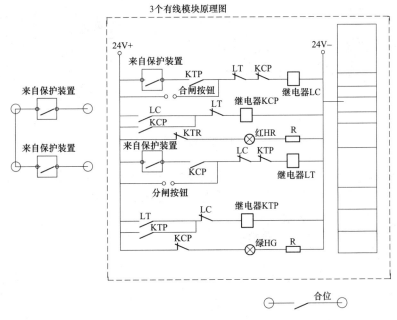

图 8-31　模拟断路器 9-11 的电气原理图

8.7 工作验证与分析

8.7.1 电路功能测试结果及分析

（1）断路器动作准确性测试。将子设备单元连接安全自动保护装置的断路器控制输出口，取代该断路器接收保护装置的动作信号，并手动进行 5 次动作测试，每次动作执行 100 次合位和分位切换动作，测试结果见表 8-1。

表 8-1 模拟断路器动作测试

测试序号	动作次数	成功动作次数	成功率（%）
1	100	100	100
2	100	100	100
3	100	100	100
4	100	100	100
5	100	100	100

模拟断路器动作试验结果表明，本项目研制的测试仪内部的模拟断路器模块能够准确接收保护装置的动作信号，并执行准确动作。

（2）模拟断路器状态传输测试，如图 8-32 所示。小组模拟了 01～11 号断路器位置状态，在平板电脑上观察是否正确传输显示。试验结果表明：断路器位置信号显示正确率 100%，满足技术指标要求。

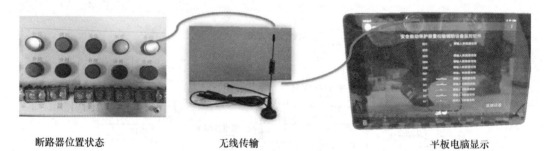

断路器位置状态　　　　　　无线传输　　　　　　平板电脑显示

图 8-32 模拟断路器状态传输测试

（3）无线通信测试，如图 8-33 所示。将主设备单元放于变电站监控室，子设备单元分别放到变电站户外不同地方处，在变电站强电磁干扰情况下，通过子设备单元上的手动切

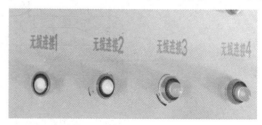

子设备　　　　　　　　　　　主设备

图 8-33 无线通信测试

换按钮切换子设备单元内部的模拟断路器，并在主设备单元的平板电脑上观察子设备单元模拟断路器工作状态的接收情况。测试结果见表 8-2 。

表 8-2 　　　　　　　　　　　　　　　　无线通信测试

测试序号	测试距离（m）	通信成功率（%）
1	100	100
2	500	100
3	1000	100
4	1500	96
5	2000	91

无线通信试验结果表明，在 1000m 的通信距离以内且有少量穿墙的通信环境，无线通信能保证 100％的成功率，之后随着通信距离的增加，通信成功率在不断下降。其原因主要是随着通信距离的增加，通信信号的衰减，同时由于变电站属于强电磁干扰环境，对该测试仪无线通信有着较强的随机干扰。另外，433MHz 属于公共频段，如果变电站内存在其他 433MHz 的无线通信装置，也会对本装置产生一定干扰。

8.7.2　现场应用测试结果及分析

为了验证该装置对备自投装置逻辑校验的实际使用效果，在云南电网西双版纳供电公司 110kV 勐海变对南瑞科技 NSR641RF-D 备自投装置进行了校验测试。110kV 勐海变电气主接线如图 8-34 所示。

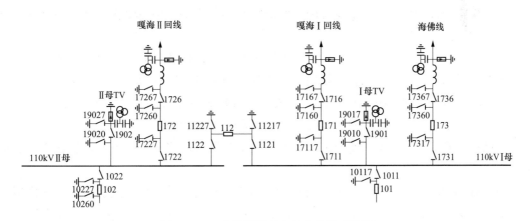

图 8-34　110kV 勐海变电气主接线（部分）

首先进行了定值输入及保护功能整定。根据保护定值单的要求将各项保护定值输入装置某定值区，并固化，同时需将相应的保护功能整定投入。然后进行备自投逻辑的校验。

将 171、172、173、112 断路器的控制回路分合闸开入分别接入校验装置的相应引出端子，连接好备自投装置与继电保护测试仪之间的测试线。检查无误后，给上备自投装置电源和校验装置电源，当校验装置运行指示灯显示正常后，进行校验。

需要考虑各种运行方式下的备用情况，对备自投装置进行校验。

（1）运行方式 1：171、172 运行，112 热备用。

1）模拟Ⅰ母失压。

备自投动作情况：跳开 171，合上 112。

结论：校验装置显示断路器动作情况正确，备自投逻辑功能正确。

2）模拟Ⅱ母失压。

备自投动作情况：跳开 172，合上 112。

结论：校验装置显示断路器动作情况正确，备自投逻辑功能正确。

（2）运行方式 2：172、112 运行，173 热备用。

模拟Ⅰ母失压。

备自投动作情况：跳开 172，合上 173。

结论：校验装置显示断路器动作情况正确，备自投逻辑功能正确。

（3）运行方式 3：173、112 运行，172 热备用。

模拟Ⅱ母失压。

备自投动作情况：跳开 173，合上 172。

结论：校验装置显示断路器动作情况正确，备自投逻辑功能正确。

试验结果如下：

（1）将校验装置与备自投装置用普通试验线直接连接，接线方便，校验装置电源由锂电池供电，与外部回路无任何联系。

（2）校验装置手动分闸、手动合闸、保护跳闸动作正确，接点变化正确，分合闸位置红绿灯指示灯指示正确。

（3）接线完成后，按备自投试验内容进行试验，备自投装置能将相应的开关位置、合后继电器位置的开关量开入到备自投装置，并且能与备自投装置紧密配合，能根据备自投装置动作情况做出反应，将相应开关量反馈给备自投装置，实现了开关量自动切换开入。由以上试验结果可以知道，校验装置设计是完全满足设计要求的。

通过对校验装置的电路功能测试，各项试验结果均满足技术指标要求，装置质量稳定可靠。

通过对 110kV 勐海变进行上述 3 种可能运行方式进行校验，该装置能够很容易模拟出各种情况的发生，然后将信号输送给备自投装置，经过备自投的反应，将信号反馈给该校验装置，校验装置能够将送回的信号在平板电脑上直观显示，通过判断识别，可以确定出备自投装置的应对措施是否正确。

在使用校验装置当中，试验接线简单，操作方便，显示直观，可模拟各种情况的发生，大大缩短了校验的时间，减少了调试人员的工作量。

8.8 创新点分析

（1）基于无线技术，采用低频 433MHz 无线通信，穿墙能力强，能够解决变电站较大范围内的低速远距离通信问题。

（2）模拟断路器进行辅助校验，为确保可靠性，模拟断路器采用继电器搭建，充分模拟现实环境。

（3）继电保护装置的调试更为方便，快捷，结果显示直观。

第9章

变电站二次多芯线缆智能对线器

9.1 项 目 目 标

随着电力系统的发展，越来越多的多芯电缆在工程应用中被使用且常用于信号传递和电能输送。电缆由于受到外力损伤、绝缘受潮、化学腐蚀、长期超运行、电缆接头故障、环境和温度、本身正常老化，以及自然灾害等其他原因会发生不可避免的电缆故障。在我国常规变电站中大量使用多芯二次电缆作为保护装置、测控装置等设备控制系统之间的信号传输介质，因此，二次线缆接线的正确性在保障整个电气系统可靠运行中起了至关重要的作用。

二次接线施工和检修时，经常要核对、校验控制电缆线芯，以保证控制线路接线正确。在实际施工接线时，需要对电缆中每根芯线进行绝缘、导通性能测试，尤其需要确认每一根芯线所对应的电缆线号是否两端对应，以保证二次设备信号、控制回路接线的正确性，二次电缆的对线是继电保护人员日常工作中一个极其重要的环节。目前存在的问题具体有以下几个方面：

（1）二次线核对烦琐，工作量大。二次线核对工作烦琐且要求细致，不能有一点点的差错。接线过程中查线的工作量非常大，目前广泛使用的各种对线装置和方法诸如双万用表、双电池组-小灯泡、二极管串-万用表、电阻串-万用表等，均不同程度地存在缺陷。

（2）核线工作效率低。有的方案在对线时必须有一根已知基准线；有的方案只能单人对线而不能双人对线，当电缆较长且根数较多时，为避免作业人员来回奔波接拆线，浪费工时，采用双人对线是十分必要的；有的只能双人对线而不能单人对线；有的操作烦琐，需要对多芯线逐根盲目测试，工效极低。

（3）对线准确率需要反复确认，对线有误差。当多芯线中存有短路或断路故障时，正常的对线流程和对线条件被破坏，导致对线错误，然而又无法直接明了地判断出故障芯线；在双人对线时缺少简单有效的联络手段，需另加通信设施和线路等。这些缺陷限制了它们的使用范围，并且直接影响了工程实际的对线工作效率，降低了对线工作准确度。

因此，研制一款体积较小、操作方便、智能识别，且具有对线、断路与短路检测的一种手持式智能对线器，对于提高变电站二次施工和常规检验对线效率，保证二次设备信号、控制回路接线的正确性有着重要的意义。

9.2　国内外研究概况

1. 对线技术的发展

对线是指通过一定的检测手段确定一根线缆两头多个线芯的一一对应关系，同时检测出电缆内部的短路、断电等各个二次线缆对线是电力建设中常见、很烦琐的工作，需要对线人员耐心且细致，任何一个电缆芯的标号错误都可能导致严重的后果。随着智能电网建设的推进，变电站二次线缆的种类和数量都在不断增加，因此，对线工作和对线仪器的不断优化是一项持久的工作。

早在 1964 年，就有针对万用表或灯光显示法校线的缺点进行了改进，它是利用部分线缆和导线的结构特征，提出了一种新的控制电缆和多芯导线的校线方法。这种方法在当时确实比传统的万用表通灯方法效率和准确率都要高，但是它对要求操作人员对缆线的结构规律掌握比较扎实。

简易对线器的研制可追溯到 20 世纪 80 年代和 90 年代，工程技术人员采用晶体管、发光二极管、电灯泡，以及通过复杂的数字逻辑电路实现多线芯逐一检查或者向线芯发送编码脉冲等巧妙的方式实现对线工作的自动化，但是受制于当时大规模集成电路和嵌入式微处理器的发展，早期的对线器往往采用模拟电子元器件或者数字逻辑芯片制作，元器件较多，体积较大，并且对线工作仍然依赖于人，简易对线器仅仅起到辅助作用。

2003 年，设计出了基于数字电路的对线器，该装置分为发送装置和接收装置，发送装置利用数字电路依次发出高电平信号，接收装置根据电平信号来控制发光二极管亮灭，该装置较为先进，成本也比较低，但是仍然需要人工做标记等，自动化还有待提高，并且该装置对于短路故障，该装置还无法判断，具有一定局限性。

2006 年，将单片机和数字电路集成芯片结合起来，设计了自动校线装置，但是该装置依然采用数码管作为显示，仅能显示待测线缆的序号，不能显示线号。

2007 年，利用机械开关、红色发光二极管、绿色发光二极管、电池、电阻等器件设计了简易对线器，该装置的创新之处在于将红色、绿色发光二极管反向并联串接到回路中，利用发光二极管的单相导电性和不同颜色，来标记电流的方向，实用性较强，但是对于长距离线缆，则容易出现误判。

尽管这些研究在提高对线效率和准确率方面都有巨大的进步，但是，依旧不能满足新的环境下校线工作的需要。现在校线不仅要求能够显示线缆的序号，很多情况下还要求显示线号，而且线号的范围包括数字、英文大小写字母和罗马大写字母，而且很多高频设备应用场合禁止使用无线通信，这就为两个人校线时使用对讲设备提出了挑战。

随着嵌入式微处理器迅速发展，以单片机、ARM、DSP 为代表的微处理器越来越多地应用到电力仪器设备中。二次线缆对线器同样也以单片机等微处理器作为核心控制器，通过在线缆两端安装主辅机进行单人对线操作。其原理有以下几种：

（1）光电耦合器判断法。在多芯线缆上串接光电耦合器，通过光电耦合器的导通和截止来判断电流流向，进而判断线缆对应情况。

（2）AD 转换法。在多芯线缆的一端提供激励电压，在另一端通过电阻分压和电压值来确定通断，其原理类似于逐次比较 AD 转换芯片。

2. 目前状况

在变电站、电力系统控制中，电缆的线号必须完全正确，反之则会引起重大安全事故。所以在电力系统中对线器是继电保护人员必配设备，目前国内的二次回路对线辅助器根据对线的芯数可分为：单芯电缆对线器和多芯电缆对线器。

单芯线缆对线器，它的优点有体积小、价格低，且对线的距离远，通常可达 10km，但是它的缺点是操作时一次只能对一根线缆，效率较低，且必须配对讲机使得双方通话时都可以听得到，在信号较差或没有信号的实际工作环境中容易出错，不适合在各种领域推广。多芯线缆对线器，它的优点是一次性可以对多根线缆、效率较高、价格适中。

对线设备无论是万用表，还是专用对线器其功能仅限于判断线缆的通断，确定线路的正确与否，并用蜂鸣器的声响、发光二极管的灯光提示，还能完成线缆短路、带电与否的判断，但是其难以在成本、功能、便携性之间做有效平衡，现有的对线器还远远不能满足电力系统继电人员对线工作的实际需求，不仅在操作过程中效率很低，有时在使用辅助设备对讲机（手机）的过程中，手机产生的电磁信号会干扰电力设备的正常运行，基于此开发了一款实用的对线装置。

9.3 项 目 简 介

变电站二次多芯线缆智能对线器包括装置主机 1 台和装置辅机 1 台，两者通过 433MHz 无线通信。在主机和辅机的上端均有可拔插绿色端子排，该端子排用于连接被测的多芯线缆，支持的多芯线缆为 16 根线芯。

两个端口顶端都配有一个 16 口的 KF2EDGK 插头，如图 9-1 所示，插头分固定端和移动端，固定端焊接在设备的主控板上，移动端可以拔下，根据现场需求接入 16 根以内的线，再插回至固定端。

该装置为手持式便携外壳结构，锂电池位于装置内部。使用者只要通过标准接口即可实现对主机、辅机充电，如图 9-2 所示。

该装置通过主机、辅机的配合能够自动实现最多 16 芯的多芯线缆自动对线，其主要功能如下：

（1）多芯线缆的自动对线。多芯线缆在多芯对应关

图 9-1　接线端子

系未知且没有公共参考端的情况下，使用该装置能够对多芯线缆就行校验。找出线缆两个末端的各个线芯之间的一一映射关系。该装置能够实现 2000m 的可靠通信，满足变电站的实际需求。

（2）多芯线缆内部短路的自动识别。如果多芯线缆内部绝缘层有短路故障，该装置能够自动识别出短路故障并进行液晶显示。

（3）多芯线缆内部断路自动识别。如果多芯线缆内部出现断路故障，该装置能够自动识别出断路故障，并能显示出该断路线缆连接的端子编号。

关键技术如下：

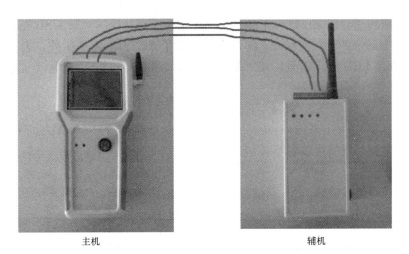

主机　　　　　　　　　　　　　　　　辅机

图 9-2　变电站二次多芯线缆智能对线仪

（1）主辅机相互协作和光电耦合器的对线检测逻辑。主机、辅机分别接在被测电缆的两端，该二次电缆均为多芯线缆，且根据颜色无法判断其对应关系。本项目基于主机、辅机相互通信协作，在没有地网基准电压，仅通过主辅机相互输出 12V 低压电压信号从而判断被测电缆多芯的通断状态。

（2）光电耦合器的对线一键作业。在结构设计时考虑便携和可靠性因素，设计按照结实耐摔、长时间续航标准设计。一线工作人员连接好线缆后，只需按下启动按钮，即可实现一键测试，无需多余操作，使得没有任何基础的人员也可进行测试。

（3）基于 433MHz 无线通信模块和 Lora 扩频无线通信的长距离低速通信。433MHz 无线通信方案衍射效果好，适合长距离、低速无线通信，Lora 扩频具有较好的穿墙性能，以适应不同的建筑格局的变电站。

装置主机和装置辅机的外观实物图分别如图 9-3 和图 9-4 所示。装置主机为 200mm×100mm×40mm 的手持仪表，除了 KF2EDGK 插头外，表面还有彩色 LCD 液晶屏（正面）、

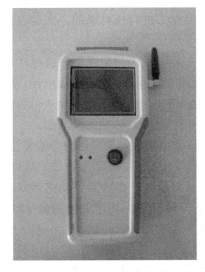

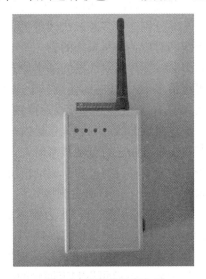

图 9-3　装置主机实物图　　　　　　　　　图 9-4　装置辅机实物图

电源按钮（正面）、四盏 LED 灯（正面）、SMA 接头天线（顶端）和 USB 充电口（底端）。装置辅机为 140mm×80mm×40mm 的长方体，除了 KF2EDGK 插头外，表面还有电源按钮（右侧）、四盏 LED 灯（正面）、SMA 接头天线（顶端）和 USB 充电口（左侧）。

9.4 工 作 原 理

多芯二次电缆芯线核对装置整体组成框图如图 9-5 所示，其包括一个装置辅机和一个装置主机。

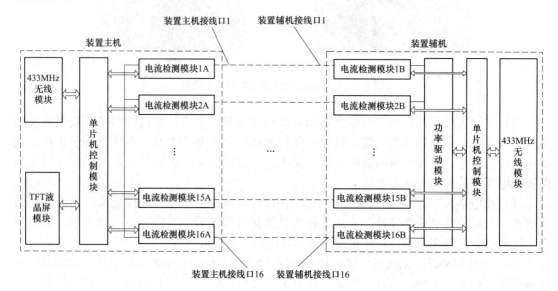

图 9-5 装置整体组成框图

装置主机和装置辅机均有 16 个接线口，最多可以测试 16 根线芯的多芯二次线缆。使用时，将装置主机的接线口 1～16 分别连接多芯二次线缆一端的多个线芯，装置辅机的接线口 1～16 分别连接多芯二次线缆另一端的多个线芯。在未进行核对之前，多芯二次线缆的多个线芯对应关系是未知的。

本多芯线缆智能对线器的基本原理是，装置辅机在装置主机的命令下，通过功率驱动模块可将最多 16 个线芯的任意一个连接到 12V 电源电压或者连接到 0V 负极电压，装置主机将接入的 16 路线芯通过导线短接在一起。因此，装置辅机内的功率驱动模块可以看作是电源，通过接入的线芯和装置主机内的短接导线形成一个完整回路。

装置主机开始进行自动核对时，首先通过 433MHz 无线通信模块发送命令给装置辅机。该命令是让装置辅机通过功率驱动模块设置电流检测模块 1B 的右侧接入到 12V 电源电压，电流检测模块 2B～16B 的右侧接入到 0V 负极电压。从而形成一个以装置辅机接线口 1 为输出、装置辅机接线口 2～16 为输入的完整回路。装置辅机完成装置主机的命令动作后，会将动作完成标志和电流检测模块 1B～16B 的检测结果发送给装置主机以供分析。装置主机通过其接线口 1-16 处的电流检测模块 1A～16A 和设置在装置辅机接线口 1～16 处的电流检测模块 1B～16B 就可以判定回路的电流走向，进而可判定连接在装置辅机接线口 1 的线芯的连接状态。

150

完成装置辅机接线口 1 的线芯核对后，装置主机进而发送命令给装置辅机，设置电流检测模块 2B 的右侧接入 12V 电源电压，电流检测模块 1B 和电流检测模块 3B～16B 连接到 0V 负极电压。从而进行装置辅机接线口 2 处的线芯的自动核对。完成后再依次进行装置辅机接线口 3～16 处的线芯的自动核对，核对完成后将核对结果显示在 TFT 液晶显示屏模块上。倘若需要再次核对，则再从装置辅机接线口 1～ 16 处重新开始依次核对。

装置主机设置有 TFT 液晶屏模块，用于显示多芯二次线缆的自动核对结果，并进行简单的用户交互。

本多芯线缆智能对线器电流检测模块 1A～16A 和电流检测模块 1B～16B 的电路原理图如图 9-6 所示，电流检测采用反向连接的两个光电耦合器 U1 和 U2 组成。

当电流自左向右，从 Port_Left 流入，从 Port_Right 流出时，U1 中的光电二极管正向导通，此时 U1 中的光敏三极管耦合导通，SIG1 输出 3.3V 高电平；此时 U2 中的光电二极管反向截止，U2 中光敏三极管截止，此时 SIG2 由于电阻 R2 下拉到 GND，因此 SIG2 输出为 0V 低电平。

当电流自右向左从 Port_Right 流入，从 Port_Left 流出时，U2 中的光电二极管正向导通，此时 U2 中的光敏三极管耦合导通，SIG2 输出 3.3V 高电平；此时 U1 中的光电二极管反向截止，U1 中光敏三极管截止，此时 SIG1 由于电阻 R1 下拉到 GND，因此 SIG1 输出为 0V 低电平。

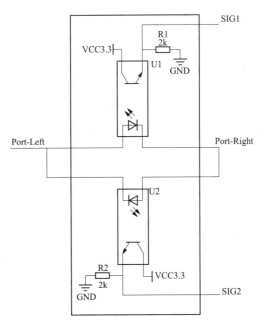

图 9-6　电流检测模块电路原理图

9.5　设计与加工制造

多芯线缆智能对线器的设计和加工制造主要包括原理仿真、电路图设计和制作、整体组装 4 个步骤。

9.5.1　原理仿真

本设计使用光电耦合器进行通断选择，由于16芯线缆具有较多的排列组合，故首先利用仿真软件multisim进行电路仿真，充分列举多个线芯正常、短路和断路多种可能情况，以此来确定该方案理论上的可行性。

仿真中包含了正常、短路、断路三种情况，电流检测模块的实际电路是采用反向并联的2个光耦芯片组成，仿真时用2个反向并联发光二极管代替，二极管发光表示光耦耦合，驱动部分用开关代替，开关断开默认下拉低电平，开关闭合上拉，装置辅机的端口顺序从上到下依次是1~16，而装置主机的端口顺序未知。当线芯状态正常（没有短路也没有短路）的情况下，若装置辅机的第一口拉高，则电流从1口流出装置辅机，再从2~16口流入，此时装置主机和辅机上的两个右向发光二极管同时被点亮并且被检测到，而其他口由于并联分流，电流较小不足以点亮发光二极管。设装置主机自上而下第一个端口的序号是X，则表明装置辅机的1号口与装置主机的第X号口相对应，为同一根线。当第一种情况检测完后，装置辅机断开1号口的开关，继而闭合第二口开关，检测方式同上。如此循环，直至检测完所有的线序。

当线芯出现两根短路的情况时，假如1口和2口的线缆短路，则装置辅机上的1口和2口的与电流同向的光电耦合器发光二极管被点亮，设装置主机的X口和Y口的光电耦合器光电二极管被点亮，则判断从装置辅机1口和2口结出的两条线短路，对应装置主机上的X口和Y口。

当线芯上的某根线出现断路的情况时，由于断路，因此无法构成回路，故装置辅机给断路的口输出电压时，没有光电耦合器发光二极管被点亮，由此判断装置辅机的X号口所接线断路，装置主机所对应口无法确定。

9.5.2　原理图的绘制

确定对线方案后，利用Altium Designer软件根据方案绘制原理图，采用STM32单片机作为主控制器，绘制其最小系统和其他功能模块，装置主机如图9-7所示，装置辅机如图9-8所示。

9.5.3　第一版电路板的绘制

利用Altium Designer软件根据方案绘制第一版PCB，装置主机如图9-9所示，装置辅机如图9-10所示。

第一版电路在理论方案上没有问题，但是实际上依然有一些缺陷，原有的电路采用达林顿管阵列其驱动能力不够。

9.5.4　第二版电路板的绘制

在第一版的基础之上，根据先前所表现出来的问题，在原理图上做了一些改进，然后根据所购买的壳体的尺寸规定了电路板的外围尺寸，装置主机如图9-11所示，装置辅机如图9-12所示。

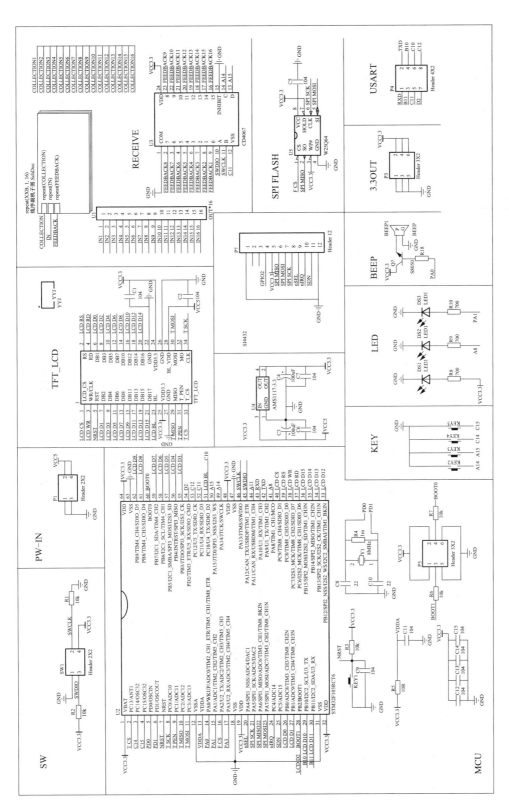

图 9-7　装置主机电路原理图

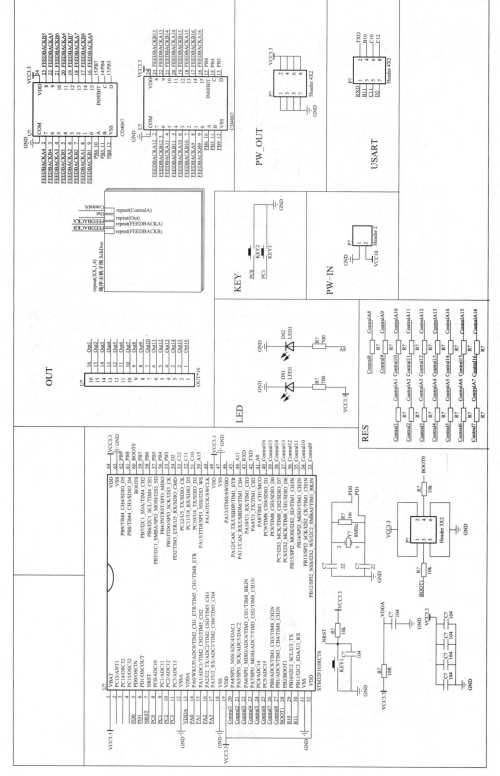

图 9-8　装置辅机电路原理图

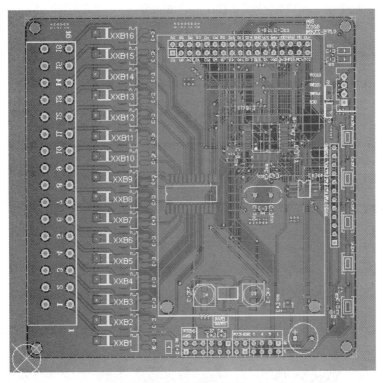

图 9-9　装置主机 PCB 第一版

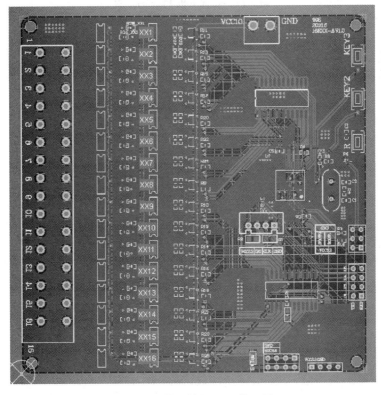

图 9-10　装置辅机 PCB 第一版

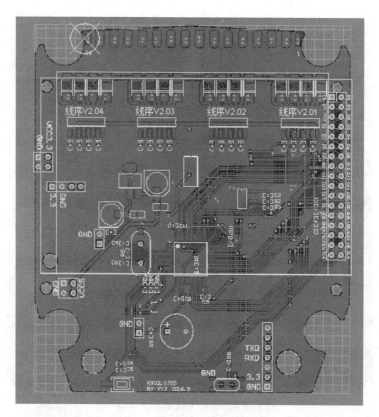

图 9-11　装置主机 PCB 第二版

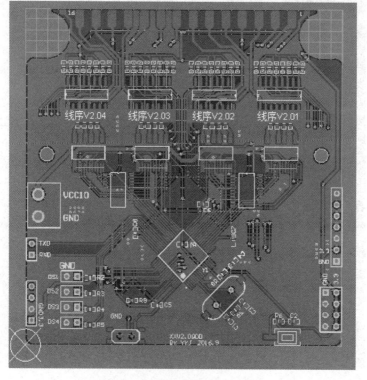

图 9-12　装置辅机 PCB 第二版

9.5.5　壳体的制作

由于装置主机和装置从机都需要引出指示灯、电源开关、天线接口和充电口以方便用户使用，故需要在购买的壳体的基础上做二次加工。

对于装置主机，加工了一个 KF2EDGK 插头接入口、一个充电口，一个电源开关孔，两个指示灯口和一个信号天线口。KF2EDGK 插头接入口在顶部，充电口在底部，指示灯和电源开关孔在正面，信号天线口在右侧方。

对于装置辅机，加工了一个 KF2EDGK 插头接入口、一个充电口，一个电源开关孔，四个指示灯口和一个信号天线口。KF2EDGK 插头接入口和信号天线口在顶部，充电口在左侧方，指示灯在正面，电源开关口在右侧方。

9.6　控 制 系 统

装置主机和装置辅机分别连接到多芯二次线缆的两端，然后操作按钮即可实现一键测量，其操作流程如图 9-13 所示。

以装置辅机接线口 1 处的线芯核对为例说明本多芯线缆智能对线器的具体工作原理和实施方式。

(1) 装置主机通过 433MHz 无线模块发送指令给装置辅机。433MHz 无线模块的型号为 Si4432，单片机控制模块通过串口将数据发送给 433MHz 无线模块。由于 433MHz 无线模块采用透明传输，为避免干扰，需要对数据帧进行 CRC 校验和加密处理。装置辅机内的 433MHz 无线模块同样通过串口和单片机控制模块相连。

装置辅机接收到主机指令后，根据其指令要求，通过功率驱动模块，将电流检测模块 1B 右侧接入到 12V 电源电压，将电流检测模块 2B～16B 右侧接入到 0V 负极电压。

(2) 装置辅机的单片机控制模块通过 I/O 口读取电流检测模块 1B～16B 的检测结果，并将该检测结果以数据帧的方式返回给装置主机。

装置主机接收到装置辅机数据后，装置主机内的单片机控制模块通过 I/O 端口读取电流检测模块 1A～16A 的检测结果，进而进行分析。

当电流检测模块 1B 中没有向左电流时，则判定装置辅机的接线口 1 所连线芯为断路故障。

当电流检测模块 1B 中有向左电流时，则可知当前线芯内存在完整回路。此时，判断装置主机内电流检测模块 1A～16A 的检测结果：

当电流检测模块 1A～16A 均没有向左电流时，则可知连接在装置辅机接线口 1 的线芯存在短路故障，电流没有流经装置主机，而是在线芯中形成回路，直接返回到了装置辅机。因此，此时检测电流检测模块 2B～16B 的检测结果，当发现电流检测模块 xB 有向右电流时，则可判定装置辅机接线口 1 所连线芯和装置辅机接线口 x 所连线芯之间存在短路现象。

当电流检测模块 1A～16A 均有向左电流，且有且仅有电流检测模块 yA 有向左电流时，则可知电流通过电流检测模块 1B 和电流检测模块 yA 流入装置主机，因此可判定，装置辅机接线口 1 所连线芯和装置主机接线口 y 所连线芯唯一对应。

当多芯线缆智能对线器完成对装置辅机接线口 1 所连线芯的核对工作后，进而以同样

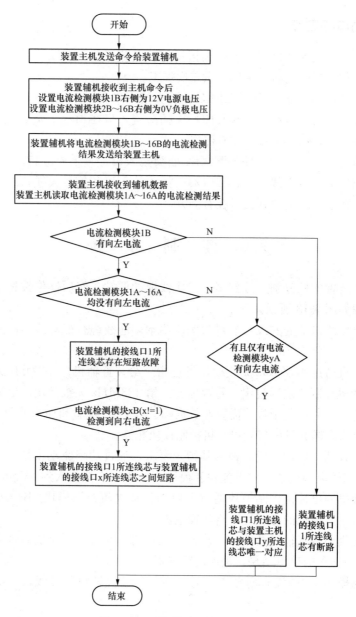

图 9-13 对线检测程序流程图

的方式完成装置辅机接线口 2~16 处所连线芯的核对工作。当完成 16 根线芯的核对工作后，装置主机将核对结果显示在 TFT 液晶屏模块上。

9.6.1 装置主机控制系统

装置主机的内部接线图如图 9-14 所示，装置主机壳体内部有触摸屏、主控板、433MHz 无线通信模块、锂电池以及指示灯、开关等部件。

（1）装置主机核心控制板。以 STM32 为核心的控制板，有 STM32 最小系统，四块 TLP281-4 四路光电耦合器芯片，一块 CD4067 16 选 1 开关、蓝牙液晶屏和无线的插座。

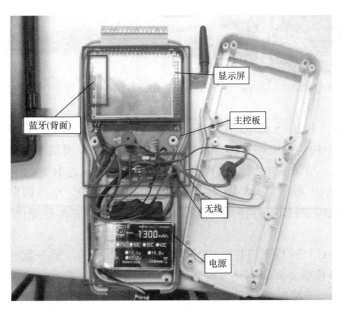

图 9-14　内部接线图

STM32 系列基于专为要求高性能、低成本、低功耗的嵌入式应用专门设计的 ARM Cortex-M3 内核，本装置使用的是 STM32F103RET6，装置主机电路板实物图如图 9-15 所示。

TLP281-4 为四路集成的 TLP281-1（P281）芯片，是一块超小且超薄的耦合器，适用于贴片安装，比如：PCMCIA 传真调制解调器、可编程控制器。它包含一个光晶体管，该晶体管光电耦合器合至二个砷化镓红外发光二极管。用于检测装置辅机 16 条支路上电流的流向，若某一条支路上的电流大于一定值，则该支路上的红外发光二极管亮，对应的接收管导通，输出高电平。

CD4067 是数字控制模拟开关，具有低导通阻抗，低截止漏电流和内部地址译码的特征，在整个输入信号范围内，导通电阻保持相对稳定。

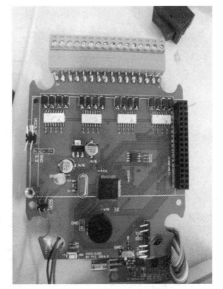

图 9-15　装置主机电路板实物图

（2）无线以及蓝牙模块。无线模块 UTC-4432 如图 9-16 所示，该模块具有高集成度、微功率、半双工、高灵敏度、远距离、穿透能力强等特点，片上集成高性能 MCU 和射频芯片，用于和装置主机的相互通信。

蓝牙模块为常用的 HC-06，这是一款专为数据传输设计的蓝牙模块，遵循蓝牙 2.0 协议。支持 SPP 蓝牙串口协议和 UART 接口，具有成本低、兼容性好、功耗低等优点。可用于各种带蓝牙功能的电脑、蓝牙主机、手机、PDA、PSP 等智能终端配对。当主从模式两个蓝牙模块配对成功后，可以简单地取代以前的串口线通信的应用，更改为无线的蓝牙。

图 9-16 433MHz 无线通信模块

（3）电源模块。采用 3S 锂电池，电压 11.1V，25C，1300mAh。正极通过一个船型开关连接至 5V 稳压模块的正极接入脚，负极直接连接 5V 稳压模块的负极接入脚。5V 稳压模块采用 LM2596，是 3A 电流输出降压开关型集成稳压芯片，内含固定频率振荡器（150kHz）和基准稳压器（1.23V），并具有完善的电路保护、电流限制、热关断电路等，利用该器件只需极少的外围器件便可构成高效稳压电路，该芯片还提供了工作状态的外部控制引脚。

（4）显示屏。ALIENTEK TFTLCD 模块如图 9-17 所示，是一款通用的 TFTLCD 模块，采用全新 LCD 模块外屏，钢化玻璃触摸屏，坚固耐用。

（5）装置主机电子控制软件整体设计。STM32 单片机控制板的程序采用 Keil MDK 4.12 集成开发环境并通过 C 语言编写，该程序的流程图如图 9-18 所示。

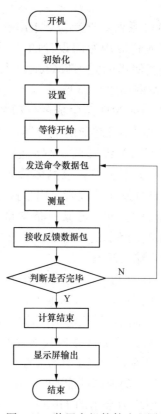

图 9-17 触摸屏

图 9-18 装置主机软件流程图

该程序为一个顺序结构程序。程序启动后，程序首先进行时钟初始化、蓝牙初始化、液晶屏初始化和无线模块初始化等初始化工作，然后等待用户通过液晶屏设置所要测量的线数，待用户设置完毕并按下启动按钮时程序进入顺序结构中。在顺序结构中，程序首先向装置辅机发送指令数据包使装置辅机按照主机的指令设置电平并在测量后返回数据包，当设备辅机在规定的时间内没有回复时，程序通过蜂鸣器实现掉线报警。

9.6.2　装置辅机控制系统

装置辅机的内部接线图如图 9-19 所示，内部包括主控板、蓝牙模块、无线模块、电池、指示灯、开关等。

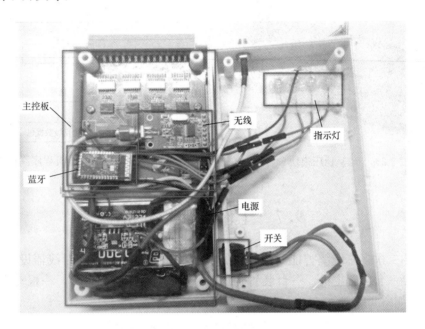

图 9-19　装置辅机的内部接线图

（1）主控板。辅机主控板选用 STM32F103R8T6，最小系统原理图同主机一致。

（2）电源部分。与装置主机相同，采用 3SLi-Poly 电池。正极通过一个船型开关连接至 5V 稳压模块的正极接入脚，负极直接连接 5V 稳压模块的负极接入脚，5V 稳压模块的输出脚接至 3V 稳压模块以及控制板的驱动电源接入引脚。

3.3V 稳压模块采用了 AMS1117，如图 9-20 所示，AMS1117 系列稳压器有可调版与多种固定电压版，设计用于提供 1A 输出电流且工作压差可低至 1V。在最大输出电流时，AMS1117 器件的压差保证最大不超过 1.3V，并随负载电流的减小而逐渐降低。

（3）装置辅机电子控制软件整体设计。STM32 单片机控制板的程序采用 Keil MDK 4.12 集成开发环境并通过 C 语言编写，该程序的流程图如图 9-21 所示。

该程序为一个顺序结构程序。程序启动后，程序首先进行时钟初始化、驱动初始化和无线模块初始化等初始化工作，等待接收装置主机通过无线发送的数据命令包，接收到主机指令包后，按照主机的指令设置电平并在测量后返回数据包。当装置主机测量完之后并且装置辅机返回数据包正常时，该程序向设备辅机发送下一个指令数据包，并再次接受装置辅机返回的数据包，直到测量完设置的数目。

图 9-20　3.3V 稳压模块

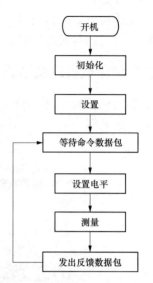

图 9-21　装置辅机程序流程图

9.7　工作验证与分析

为了对本二次多芯线缆智能对线器进行实验测试，首先将智能对线器设备准备齐全，整套设备包括一台装置主机，一台装置辅机，一个哔哔响（右上角），一根充电线和一部 B3 充电器，如图 9-22 所示。

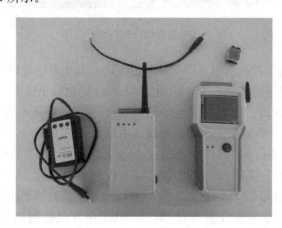

图 9-22　设备列表

9.7.1　检测步骤（以测四芯线缆为例）

（1）指示灯及接线端子介绍。装置主机有两个指示灯，右边的指示灯为电源指示灯，左边的为检测进行指示灯。装置辅机有四个指示灯，从左到右的指示含义为电源指示、检测进行指示、无线连接指示和待定。

电源指示灯即为电源打开时灯亮，关闭时灯灭；检测进行指示为开始检测的时候，等随着检测的进行而亮灭；无线连接指示为当无线连接上时，灯亮，否则灯灭。

接线端子使用 KF2EDGK 插头，装置主机和装置辅机的端口序号都是从右到左依次对应 1～16。

（2）装置辅机接线开机。将装置辅机顶端的 KF2EDGK 插头拔下，用螺丝刀将四芯线缆的四根心线任意固定至辅机 KF2EDGK 插头的 1～4 号，如图 9-23 所示。固定完之后插回辅机顶端，然后打开开关，辅机启动，初始化过程中，四灯全亮，而后放置辅机至合适的位置，带着主机至多芯线缆的另一端。

（3）装置主机接线和开机设置。将装置主机顶端的 KF2EDGK 插头拔下，用螺丝刀将四芯线缆的四根心线任意固定至主机 KF2EDGK 插头的 1～4 号，如图 9-24 所示。固定完之后插回主机顶端，然后打开开关，主机启动。启动完毕后，蜂鸣器响一秒，屏幕显示如图 9-25 所示，此时为设置多芯线缆的子线数，按"＋"为加一根，按"—"为减少一根，最多 16 根，最少 2 根。我们以四芯线缆为例，因此选至 4，待设置完毕后，按下 START。此时主机左指示灯开始闪烁，如图 9-26 所示，"/"左边为目前正在测量的序号，"/"右边为先前设置的总线数。当"/"的左边和右边数字相等时，测量完毕。

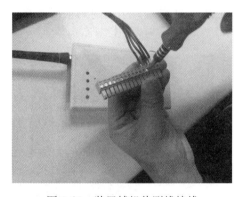

图 9-23　装置辅机待测线接线

图 9-24　装置主机待测线接线

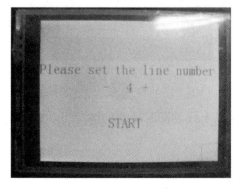

图 9-25　装置主机设置

图 9-26　装置主机开始测试

（4）结果分析。测量结束后，显示如图 9-27 所示，由于线数设置为四根，我们只看前四列数据。第一行的 1～4 对应的是装饰辅机上的 1～4 号端口，第二行显示的是测量出来的状态，总共有 0、1、2 三种情况，而且上下一一对应。当情况为 0 时，代表从装置辅机引出的线芯正常，无短路无断路。当情况为 1 时，代表从装置辅机引出的线芯有短路。当情况为 2 时，代表从装置辅机引出的线芯断路。第三行的 1～4 对应的是装饰主机上的 1～4 号端口，第一列第三行显示为 3，而且第二行为零，代表从装置辅机一号端口引出的线芯正常，且对应装置主机的 3 号端口，此时便说明：装置辅机的一号口所引出的线芯对应装置主机的 3 号端口所引出的线芯，为一根线。

图 9-27　常规测试结果

当出现断路故障时，如图 9-28 所示，寻找第二行 status 为 2 的那一列，如果该列第一行的数字为 3，则代表从装置辅机三号端口引出的线芯断路。

当出现短路故障时，如图 9-29 所示，寻找第二行 status 为 1 的那一列，通常为两列。第三列与第四列分别为 3、1、4 与 4、1、3，此时第三行的 3 和四并不代表主机上的端口引出的线芯，而是从装置辅机上引出的，即从装置辅机的 3、4 号端口引出的两根线短路。

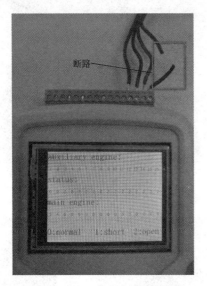

图 9-28　断路测试结果

图 9-29　短路测试结果

注意，以下情况无法测量出正确结果：三根及以上线芯同时短路的情况下；只有一根线芯正常，其他全部断路的情况下。

9.7.2　电量检测及充电测试

由于装置主机和辅机用的都是 3S 电池，因此充电设备可以共用一套，以检测装置主机的电量和充电为例进行测试，装置辅机的步骤与主机相同。

（1）电量检测。将 USB 转 XH2.54 充电线的 USB 公口插至装置主机底部的 USB 母座上，然后将 XH2.54 公头的涂有黑色标记的一端对应哔哔响的最左端插入，如图 9-30 所示，此时有"哔哔"声响，表示启动，然后按顺序显示如下字符"3CS" "ALL" "11.2（电池总电量）""No.1""3.7（一号电池电量）""No.2""3.8（二号电池电量）" "No.3""3.7（三号电池电量）"，从而获知电池电量。

（2）充电功能测试。当电池总电量小于11V时，电池应当充电，将USB转XH2.54充电线的USB公口插至装置主机底部的USB母座上，然后将XH2.54公头插入B3充电器右边的四针插孔中，再将充电器的插头插至220V交流电上，此时充电器上三个红灯亮，表明正在充电，如图9-31所示，当红灯变绿时，表示充电完成。

图 9-30　电量检测结果

图 9-31　充电正常

9.8　创新点分析

本项目研究的变电站二次多芯线缆智能对线器，可以自动完成最多16根线芯的二次线缆的绝缘性检验、导通性检验、线芯编号对应性核对，能够自动完成多芯线缆的映射关系、断路、短路情况的一键测量。

核对方法简单明了，操作方法和判断方法直观且易操作。该装置能够解决目前工程实际中对线方法和对线装置所存在的问题，尤其是解决远距离对线问题和无标识多芯电缆对线问题，使多芯电缆或成束导线的对线工作变得快捷、准确和简便，并能直观地诊断出电缆中存在的断路和金属性短路的故障芯线。

创新点总结如下：

（1）基于光电耦合器的电流通断检测方法。该方法将通断电流模拟量转化为二级制开关量，通过巧妙地在每个节点放置成对并且光耦方向相反的2个光电耦合器，可以通过2个光敏三极管的电流情况判定每个节点的电流有无和方向。

（2）基于433和Lora扩频的通信方案。采用433MLora扩频，保证了较好的穿墙能力和长距离传输性能。由于433是公共频段，采用严格的CRC校验字节保证通信不受干扰，在每次发射数据时，均会提前侦测信道。

（3）基于仿真和实验相结合的对线逻辑分析。充分基于仿真计算和实验分析相结合，考虑工程实际中各种可能的线缆问题，以及与之对应的数字逻辑，根据数字逻辑值判定其线缆问题，提高对线映射、短路、断路的判定准确率。